电力设备全过程技术监督 典型案例

开关类

国网湖南省电力有限公司　组编

中国电力出版社
CHINA ELECTRIC POWER PRESS

内 容 提 要

技术监督贯穿电力设备全寿命周期，为提高技术监督人员发现问题、剖析问题、解决问题的水平，强化技术监督能力，方便开展技术监督典型案例经验培训、交流协作，国网湖南省电力有限公司特编写《电力设备全过程技术监督典型案例》丛书。

本书为《开关类》分册，系统收集了国网湖南省电力有限公司近年来断路器、隔离开关、组合电器及高压开关柜等设备全过程技术监督典型案例，并对各案例按情况说明、检查情况、原因分析、措施及建议等进行阐述和分析。

本书可供从事电力设备技术监督、质量监督、设计制造、安装调试及运维检修的技术人员和管理人员使用，也可供电力类高校、高职院校的教师和学生阅读参考。

图书在版编目（CIP）数据

电力设备全过程技术监督典型案例.开关类 / 国网湖南省电力有限公司组编 . —北京：中国电力出版社，2023.10

ISBN 978-7-5198-7922-8

Ⅰ.①电… Ⅱ.①国… Ⅲ.①电力设备—开关—技术监督—案例 Ⅳ.①TM7

中国国家版本馆 CIP 数据核字（2023）第 112180 号

出版发行：中国电力出版社
地　　址：北京市东城区北京站西街19号（邮政编码100005）
网　　址：http://www.cepp.sgcc.com.cn
责任编辑：赵　杨（010-63412287）　李耀阳
责任校对：黄　蓓　于　维
装帧设计：张俊霞
责任印制：石　雷

印　　刷：三河市万龙印装有限公司
版　　次：2023年10月第一版
印　　次：2023年10月北京第一次印刷
开　　本：710毫米×1000毫米　16开本
印　　张：21.5
字　　数：294千字
定　　价：88.00元

前　言

技术监督贯穿电力设备全寿命周期，为提高技术监督人员发现问题、剖析问题、解决问题的水平，强化技术监督能力，方便开展技术监督典型案例经验培训、交流协作，国网湖南省电力有限公司特编写《电力设备全过程技术监督典型案例》丛书，本书为《开关类》分册。

随着国民经济的持续高速增长，全社会用电量屡创新高。为满足人民群众日益增长的用电需求，电力工业迅猛发展，电网规模迅速扩大，对输变电设备的性能和运行可靠性提出了更高要求。高压开关类设备是变电站的关键控制设备，承担着电力系统负荷控制、安全保护的重任，这些设备发生故障会严重影响系统正常运转，甚至导致大面积停电，其运行可靠与否直接关系到大电网安全和供电可靠性。据统计，近三年（2020~2023年）开关类设备（断路器、隔离开关、组合电器、高压开关柜）故障引起跳闸次数占变电设备总故障数比例最多。高压开关设备故障类型多样，引起故障的原因复杂，如制造缺陷、安装质量缺陷、运行环境恶劣甚至操作失误等。为深入贯彻国家电网有限公司"建设具有卓越竞争力的世界一流能源互联网企业"发展战略，落实精益化管理要求，总结电力生产事故教训，防范同类事故再次发生，提高电网安全生产水平，国网湖南省电力有限公司组织相关单位对近几年发生的典型故障及缺陷进行汇总分析，编写完成《电力设备全过程技术监督典型案例 开关类》。

本书是对国网湖南省电力有限公司近年来断路器、隔离开关、组合电器、高压开关柜故障及缺陷进行的梳理和总结。从14家地市公司共收集200多个案例，并从中精选了59例，包括断路器故障及缺陷16例、隔离开关故障及缺陷5例、组合电器故障及缺陷15例、高压开关柜故障及缺陷23例。

本书涵盖电气、机械等故障及缺陷，对故障发生概况、现场和解体检查情况、事故原因进行了详细的阐述和分析，暴露出设备制造质量、运行管理等方面的众多问题，在隐患排查、故障定位和分析、家族性缺陷认定、故障防范等方面提供了交流学习、提高管理的参考范例和依据。

本书可供高压开关设备制造、安装、运行、维护、检修等专业技术人员和管理人员参考，有助于提高高压开关设备的运行、维护和检修水平。

由于时间和水平有限，书中难免存在疏漏和不足之处，请广大读者批评指正。

编者

2023年2月

CONTENTS 目录

3 隔离开关技术监督典型案例 ················· 083

4 组合电器技术监督典型案例 ················· 105

220kV及以上断路器技术监督典型案例

1.1 220kV断路器中间法兰与绝缘子间防水胶不合格导致异常放电分析

- 监督专业：电气设备性能
- 发现环节：运维检修
- 设备类别：断路器
- 问题来源：设备制造

● 1.1.1 监督依据

Q/GDW 1168—2013《输变电设备状态检修试验规程》
DL/T 664—2016《带电设备红外诊断应用规范》

● 1.1.2 违反条款

（1）依据Q/GDW 1168—2013《输变电设备状态检修试验规程》5.8.1.3规定，检测断口及断口并联元件、引线接头、绝缘子等，红外热像图显示应无异常温升、温差和/或相对温差。

（2）依据DL/T 664—2016《带电设备红外诊断应用规范》表I.1规定，高压套管热像特征是热像为对应部位呈现局部发热区故障，故障特征是局部放电故障，温差为2~3K，属于电压制热型设备缺陷。

● 1.1.3 案例简介

2016年2月1日，检修人员在某220kV变电站使用精密测温仪进行测温，发现220kV古都Ⅰ线604断路器中间法兰与绝缘子浇注处局部温度异常，判断该缺陷为电压制热型缺陷，需联系检修人员进行处理。经检查发现，断路器中间法兰与绝缘子之间防水胶有放电现象，重新涂抹防水胶后，断路器诊断性试验合格，可以投运。该断路器型号为LW35-252/T4000-50。

● 1.1.4 案例分析

1. 红外测温

2016年2月1日，检修人员对220kV古都Ⅰ线604断路器进行红外测温：负荷电流98A，中间法兰与绝缘子浇注处A相最高温度2.4℃，B相最高温度1.8℃，C相最高温度44.3℃（天气阴，环境温度-2℃，风速小于5m/s）。测温图谱如图1-1-1~图1-1-3所示。

根据DL/T 664—2016《带电设备红外诊断应用规范》中相关规定，此时的温差为41.9K，判断该缺陷属于电压致热型缺陷。

2. 现场检查

为查明故障原因，检修人员对220kV古都Ⅰ线604断路器进行停电检查，发现604 C相断路器中间法兰与绝缘子之间的防水胶存在明显的放电击穿痕迹，如图1-1-4和图1-1-5所示。

检修人员重新涂抹防水胶后，断路器诊断性试验合格，可以投运。

3. 事故分析

分析认为604 C相断路器中间法兰与绝缘子之间温度异常为设备原因：防水胶质量原因。防水胶质量不合格，在长时间运行后，在风雪、雨淋等外在环境影响下，绝缘子密封失效导致进水，使介质损耗增大，同时泄漏电流增大，断路器中间法兰与绝缘子之间绝缘被破坏，造成放电击穿引起发热。

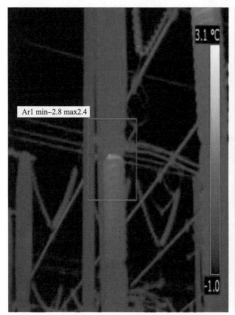

图1-1-1 604 A相断路器测温图谱

图1-1-2 604 B相断路器测温图谱

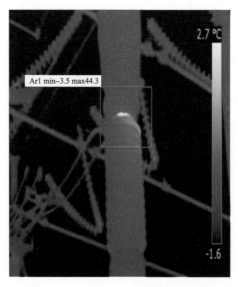

图1-1-3 604 C相断路器测温图谱

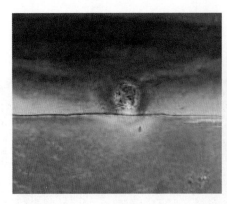

图 1-1-4　防水胶放电击穿

图 1-1-5　击穿部分防水胶截取图

● **1.1.5　监督意见及要求**

（1）全面排查同厂家同类型断路器并建议增强其产品防水胶质量检查，适时检修。

（2）断路器红外精确测温、带电检测等项目能够有效发现其运行中存在的缺陷，一个项目数据异常，应同时进行另一个项目进行诊断分析，准确掌握设备状况，保障设备安全运行。

（3）运维人员应加强对红外测温等带电检测数据的分析，及时开展历史值横向和同类设备纵向趋势分析，若趋势增幅较大，应缩短检测周期，必要时停电诊断性试验和解体检查，确认缺陷原因。

1.2 220kV断路器空气压缩机阀片锈蚀断裂导致打压失效分析

● 监督专业：设备电气性能　● 设备类别：断路器
● 发现环节：运维检修　　　● 问题来源：设备制造

● 1.2.1 监督依据

Q/GDW 1168—2013《输变电设备状态检修试验规程》
《电网设备诊断分析及检修决策》

● 1.2.2 违反条款

（1）依据Q/GDW 1168—2013《输变电设备状态检修试验规程》5.8.1.7规定，对于液（气）压操动机构的例行检查和测试，在分闸和合闸位置分别进行液（气）压操动机构的泄漏试验，结果均符合设备技术文件要求。

（2）依据《电网设备诊断分析及检修决策》7.2中SF_6断路器各部件的状态量诊断分析及检修决策规定，断路器气动机构空气压缩机不做功或效率低，应立即开展B类检修，查明空气压缩机零起打压时间不满足厂家技术条件要求原因并处理。

● 1.2.3 案例简介

2017年4月29日，某220kV变电站220kV硒桐线606断路器气动机构突发操作压力分闸闭锁故障，空气压缩机打压超时。因220kV硒桐线606断路器已发分闸闭锁信号，为将该断路器转为检修状态，运维人员首先将该线路对侧间隔转为冷备用状态，随后对该间隔进行操作。

当晚凌晨1时许，检修人员对该断路器空气压缩机进行检修，发现该空气压缩机运行打压至0.7MPa左右时，空气压缩机内部润滑油通过呼吸孔外溢、润滑油乳化严重，且压力无法继续上升。对空气压缩机解体检修发现，二级缸活塞顶部锈蚀、污损严重、活塞与缸体间隙较大，且活塞顶部残留大量润滑油，二级缸进气阀片锈蚀断裂。检修人员利用老旧空气压缩机内阀片替换断裂阀片，并对内部油污进行清理、更换润滑油，清晨6时许，该故障顺利被消除。

该断路器为LW15-252型瓷柱式断路器，CQ6型气动机构空气压缩机在运行期间已进行过一次更换，其空气压缩机参数如表1-2-1所示。断路器本体存在家族性缺陷，运维检修部门结合2017年大修技改项目于5月中旬对该断路器进行了更换。

▼ 表1-2-1　　　　　　　　气动机构空气压缩机技术参数

型　号	T1070-0.12/16Q	额定功率	AC 1.8kW
排气量	0.2m³/min	额定转速	800r/min
额定压力	1.6MPa	出厂日期	2008年3月
出厂编号	1183-B	生产厂家	—

● 1.2.4 案例分析

1.现场检查

针对该220kV断路器气动机构打压缺陷，检修人员结合故障抢修检查对该断路器气动机构进行了拆解检查、分析，发现主要问题如下。

（1）合上电动机电源进行打压。机构建压速度较慢，且当压力接近0.7MPa时，压力无法继续上升且润滑油通过呼吸孔外溢，如图1-2-1所示。

图1-2-1　润滑油通过呼吸孔外溢

（2）检修人员对空气压缩机拆解后，发现二级缸活塞顶部严重锈蚀、积污（如图1-2-2和图1-2-3所示），且进气阀片锈蚀断裂。

图1-2-2 二级缸活塞顶部锈蚀、积污严重　　图1-2-3 二级缸进气阀片锈蚀、断裂

（3）对一级、二级缸活塞与缸体间隙进行检查，发现二级缸活塞与缸体已存在肉眼可见的明显间隙，目测达到0.2~0.3mm，具体如图1-2-4所示。

(a) 受力前的间隙　　　　　　　　　　(b) 受力后的间隙

图1-2-4 二级缸活塞与缸体存在明显的配合间隙

（4）对润滑油进行检查，发现润滑油污浊、乳化严重，如图1-2-5所示。

（5）对空气压缩机阀片材质进行检查，结果显示该空气压缩机阀片为低合金钢材质，表面进行镀铬防锈处理，合金分析结果如图1-2-6所示。

（6）对更换下来的断裂阀片进行局部检查发现：

1）阀片滚边良好，正常情况下能有效避免阀片端部发生的疲劳断裂，如

图1-2-7所示。

图1-2-5 空气压缩机润滑油乳化严重

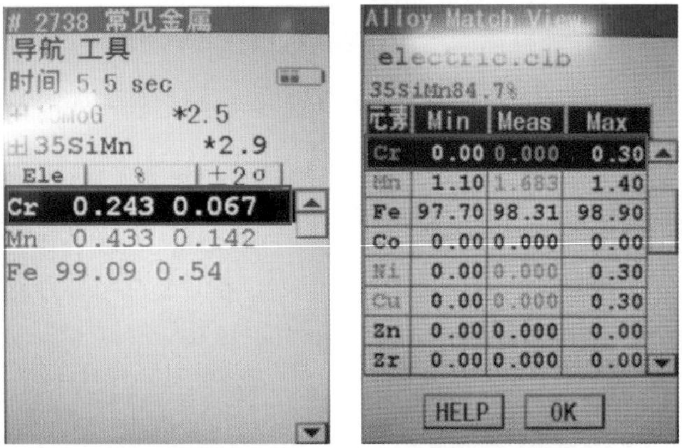

(a) 表面打磨前材质分析　　　(b) 表面打磨后材质分析

图1-2-6 空气压缩机阀片材质检测结果

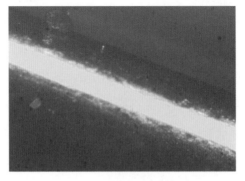

图1-2-7 阀片边沿滚边良好

2）阀片与缸盖接触部位磨损、锈蚀严重，接触部位表面镀层磨损后，低合金钢基材锈蚀严重，如图1-2-8所示。

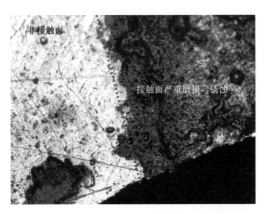

图1-2-8　阀片与缸盖接触面磨损、锈蚀严重

2.事故分析

综上所述，本例中的空气压缩机故障导致断路器机构分闸闭锁的原因如下：

（1）空气压缩机阀片锈蚀断裂是导致本次断路器打压故障的直接原因。

（2）二级缸活塞与缸体配合间隙严重偏大，是导致本次故障的根本原因。该断路器运行已达17年，而空气压缩机运行已达9年。该机构长时间反复运行，会在储气罐内积存一些水分，而润滑油未按期更换且运维人员未按要求对三相储压筒定期进行排水处理（说明书要求每周排水1次），从而导致润滑油严重受潮、变质，润滑功能严重丧失，活塞与缸体磨损严重。

（3）二级缸活塞与缸体配合间隙严重偏大带来的后续结果是污损的润滑油在活塞的往复运动下被带入气缸的高压气室内，导致阀片表面镀层磨损后直接被腐蚀。

（4）该气泵额定转速为800r/min，阀片锈蚀磨损且在额定压力达到1.6MPa的冲击压力下做高频振动，最后断裂。

（5）一级缸打压使得一级缸与二级缸联通气室压力逐渐上升，而二级缸因进气阀阀片断裂而无法正常吸气、排气，从而导致压缩空气积聚在一级缸与二级缸联通气室之间。联通气室间的高压气体通过二次缸体与活塞之间的间隙喷入空气压缩机油箱中，当压力接近0.7MPa时，喷入油箱的气体导致润滑油通过呼吸孔溢出。

● **1.2.5 监督意见及要求**

（1）该LW15-252型瓷柱式断路器，由于部件加工工艺控制不严，拉杆连接轴销与轴孔处存在间隙，在运行或热备用工况下易因悬浮电位而产生放电，腐蚀销孔和轴销，长时间放电导致销孔断裂、轴销变形脱落，存在分、合闸失败可能。依据技术改造原则，启动操动机构且存在先天性质量缺陷的断路器，宜对断路器进行更换。

（2）对于尚在服役的气动机构断路器应加强巡视、维护，定期对储压筒排水、更换空气压缩机润滑油。

（3）空气压缩机缸体密封垫不能重复使用，空气压缩机解体后的纸密封垫完全报废。对于气动机构打压故障可能需拆解空气压缩机的检修工作，检修人员应提前考虑准备润滑油、牛皮纸密封垫以及同型号的气空气压缩机阀片，以提高检修效率。同时，检修后应注意检查空气压缩机法兰接合面密封是否良好，是否存在漏气缺陷。

1.3 220kV断路器打压频繁故障分析

● 监督专业：设备电气性能　　● 设备类别：断路器

● 发现环节：运维检修　　　　● 问题来源：设备安装

● **1.3.1 监督依据**

Q/GDW 1168—2013《输变电设备状态检修试验规程》
《电网设备诊断分析及检修决策》

● **1.3.2 违反条款**

（1）依据Q/GDW 1168—2013《输变电设备状态检修试验规程》5.8.1.7规定，对于液（气）压操动机构，机构压力表、机构操作压力（气压、液压）整定值和机械安全阀校验应符合设备技术文件要求。

（2）依据《电网设备诊断分析及检修决策》7.2中SF$_6$断路器各部件的状态量诊断分析及检修决策规定，断路器液压机构（分、合闸）闭锁正确，压力开关压力值整定不正确时应闭锁回路异常等情况应立即开展B类检修，查明闭锁回路压力开关失灵、回路异常及压力值整定不正确原因并处理。

● **1.3.3 案例简介**

2019年9月12日上午，在对某220kV变电站巡视过程中发现220kV母线联络600断路器C相液压机构打压频繁，压力打压到停止压力值时又快速下降，检修人员随即赶往现场检查，在手动打开泄压阀将压力释放达到额定启动压力值时进行打压后，迅速关闭泄压阀无法关紧，发现泄压阀把手安装方向与旁边紧固螺栓冲突，导致无法关紧泄压阀，从而使压力快速下降打压频繁，调整泄压阀把手方向并关紧泄压阀，压力打压到停止压力值观察0.5h后压力不再下降。

2019年9月12日下午，在巡视过程中再次发现220kV母线联络600断路器C相液压机构打压频繁，从监控后台查看实时告警记录，从当日18时39分开始打压，打压一直延续到次日17时4分，总计打压591次，约2.3min打压一次。检修人员赶往现场后进行了仔细检查，高低压油管未存在渗漏油迹象，打开低压放油阀进行放油过程中边打压，放油前后未听到工作缸中异常的油"呲呲"声响，且放油阀密封良好，放出的液压油干净没有杂质等。排除上述因素后，检修人员发现打压后泄压到27MPa时，压力趋于稳定，初步判断安全阀可能存在故障。该断路器的安全阀设定压力值约为29MPa，而油泵停止压力设定正好也是29MPa，现场拆开安全阀低压油管，发现在打压过程中漏油很严重，直到泄压至27MPa时停止漏油，正好油泵启动压力略低于27MPa，造成打压频繁。检修人员现场对断路器油压开关的微动开关KP6（停泵）进行了调整，将停止压力调整到28MPa，压力稳定不再频繁打压，故障顺利消除。

该断路器为LW6B-252型瓷柱式断路器，具体参数如图1-3-1所示。运维检修部门结合2019年大修技改项目于4月上旬对该断路器进行了例行试验。

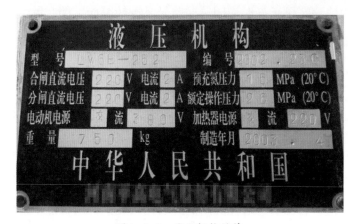

图1-3-1　液压机构铭牌

● 1.3.4 案例分析

1.现场检查

针对该液压机构断路器频繁打压存在的缺陷，检修人员结合故障抢修检查对该断路器液压机构进行了部分拆解检查、分析，发现主要问题如下：

（1）合上油泵电动机电源快分开关进行打压。打压速度正常，打压到29MPa左右停止打压，压力下降较快，下降到27MPa稳定，手动打开泄压阀将压力释放达到额定启动压力时进行打压后，迅速关闭泄压阀无法关紧，发现泄压阀把手安装方向与旁边紧固螺栓冲突，导致无法关紧泄压阀，使压力快速下降导致打压频繁。

现场检修人员对泄压阀进行了方向调整，关紧泄压阀后频繁打压故障消失。液压机构剖面图和实物图如图1-3-2和图1-3-3所示。

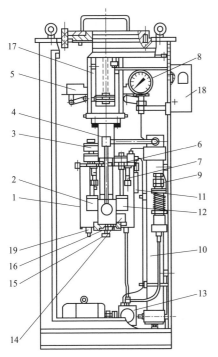

图1-3-2　液压机构剖面图

1—油箱；2—分闸一级阀；3—分闸电磁铁；4—工作缸；5—辅助开关；6—合闸电磁铁；7—高压放油阀；8—压力表计；9—压力开关；10—储压器；11—油标；12—合闸一级阀；13—油泵电动机；14—过滤器；15—操纵杆；16—二级阀阀杆；17—连接座；18—密度继电器；19—低压放油阀

图1-3-3　液压机构实物图

1—泄压阀；2—微动开关；3—放油阀

（2）检查监控后台实时告警记录。从12日18时39分开始打压，一直延续到13日17时4分，总计打压591次，约2.3min打压一次，如图1-3-4和图1-3-5所示。

现场检查并未发现高低压油管有渗漏油现象，检修人员随即打开低压放油阀进行放油，主要是检查液压油是否变质乳化或有杂质，同时放油过程中启动打压，侧耳去听放油前后的声音变化，未听到工作缸中异常的油"呲

图1-3-4 液压机构打压记录（13日）

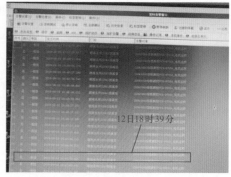
图1-3-5 液压机构打压记录（12日）

呲"声响，放油阀能有效截流液压油的释放，说明放油阀密封良好。随后，检修人员对该断路器安全阀低压油管进行拆解，在打压到29MPa时漏油很严重，直到压力降到27MPa左右才停止漏油，约2min后又开始启动打压。安全阀的漏油是造成此次频繁打压故障的主要原因。液压机构安全阀示意图如图1-3-6所示。

如图1-3-7所示，微动开关KP5、KP6为动断触点，分别作为启动打压触点、停止打压触点，经现场检查并核实了KP6微动开关接触行程不够，即停泵距离不合格，实际停泵压力与安全阀的设定压力很接近，导致打压频繁。

2.故障分析

综合分析上述因素，对本次LW6B-252型液压机构断路器频繁打压的故障进行了总结，故障原因主要有以下几点：

（1）高压泄压阀把手存在安装工艺问题（泄压阀把手安装方向与旁边紧固螺栓冲突）导致无法关紧，从而使得压力不断泄漏降低，到启动压力时又启动打压，出现频繁打压，这是本次断路器打压频繁的直接原因。

（2）安全阀设定的压力与油泵停止压力相近是本次断路器打压频繁的根本原因。安全阀的作用是平衡系统压力，使系统压力基本保持在额定油压附近，油泵停止压力通过改变KP6微动开关接触行程调整大小，现场核对

图1-3-6　液压机构安全阀示意图

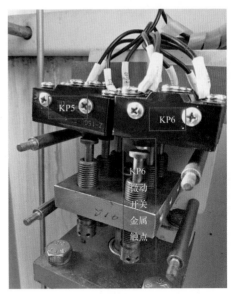

图1-3-7　微动开关示意图

安全阀设定的压力约为29MPa，偏小，而油泵停止压力也刚好是29MPa，启动打压到29MPa时，会顶开安全阀的逆止钢球，导致漏油，造成压力迅速下降，直到27MPa时稳定下来，油泵的启动压力约为27MPa左右，又开始启动打压，从而出现频繁打压现象（查看说明书，发现安全阀标准压力是34.5MPa）。

● 1.3.5　监督意见及要求

断路器液压机构频繁打压，大多数是材料和制造工艺的问题，因此首先要求制造厂必须严把质量关，防止不合格的设备进入变电站。另外，在处理断路器液压机构频繁打压时应认真细致观察，才能准确找到故障点。在未弄清楚原因、未确定泄漏点之前，建议最好不要盲目泄压查找故障点。

（1）加强巡视与维护，严格按照省公司高压断路器状态检修管理的要求，密切关注油泵启动次数，当日到达6次的应立即进行现场检查，加强对LW6B-252型液压机构断路器在不停电条件下及停电条件下的检查。严格落实标准化作业指导流程，确保断路器例行试验相关要求得到有效执行。

（2）重点对微动开关的检查，包括微动开关的停泵与启泵距离（这里的距离是指微动开关的顶杆向上的螺纹，螺纹露出越多，压力越小）、金属触点处卡涩情况，液压机构的油管路，特别是接头，应注意观察是否有渗油现象，若有，应对该部位进行重点检查。

（3）在油泵频繁打压过程中，认真听油缸和油泵的声音，若有异响，怀疑是否内部产生渗漏或出现了故障。在运行中若出现频繁打压的情况，排除了油中进空气的情况后，也可重点关注是否出现渗漏。

1.4 220kV断路器信号缸机械卡涩导致断路器合—分时间不合格分析

- 监督专业：电气设备性能
- 设备类别：断路器
- 发现环节：运维检修
- 问题来源：设备制造

1.4.1 监督依据

《国家电网公司变电检修管理规定（试行） 第2分册　断路器检修细则》
《国家电网公司变电检测管理规定（试行）》
《国家电网有限公司十八项电网重大反事故措施》

1.4.2 违反条款

（1）依据《国家电网公司变电检测管理规定（试行）》表A.2.1中 SF_6 断路器的检测项目、分类、周期和标准规定，合、分闸时间，合、分闸不同期，合—分时间满足技术文件要求且没有明显变化，必要时，测量行程特性曲线做进一步分析。

（2）依据《国家电网有限公司十八项电网重大反事故措施》12.1.2.3规

定，断路器产品出厂试验、交接试验及例行试验中，应测试断路器合—分时间。对252kV及以上断路器，合—分时间应满足电力系统安全稳定要求。

● 1.4.3 案例简介

某220kV变电站220kV复沧Ⅱ线608断路器，型号为LW10B-252W，2008年6月出厂。

2020年5月保护更换期间，发现608断路器A相断路器合闸辅助触点不切换，C相分闸触点不切换故障。现场检查发现A相断路器合闸后信号缸带的辅助开关切换不到位；C相信号缸辅助开关切换正常，触点存在问题，重新接线后恢复正常。A相辅助开关切换不到位，鉴于同类型604断路器2019年出现因信号缸卡涩导致辅助开关切换不到位的同样问题（信号缸水平轴与垂直轴之间磨损严重，合闸动作不到位导致辅助开关无法正确变位），现场对A相信号缸进行了更换。然后对三相断路器进行机械特性测试，发现B相合—分时间不符合厂家技术标准及《国家电网有限公司十八项电网重大反事故措施》要求，调节活塞油流量调节阀，使三相合—分时间、合闸同期、分闸同期均符合要求。

● 1.4.4 案例分析

1. 现场检查

2020年5月19日，检修人员关闭电动机电源、控制电源后对断路器机构进行检查，A相断路器进行合闸操作，二次分闸回路检查发现分闸回路不通，回路所经Q1辅助开关未正确切换至合闸位置。该型号断路器辅助开关由机构内部信号缸进行传动，现场分析怀疑断路器合闸动作后，信号缸可能未动作到位（604断路器2019年出现该类问题）。现场解开信号缸二次接线并短接，分合闸信号切换正常，对608断路器进行机械特性测试，试验数据如表1-4-1所示。

▼ 表1-4-1　　　　　　　608断路器机械特性测试数据（一）　　　　ms

参数类别	厂家标准	A	B	C
合闸时间	≤100	62.2	59.9	60.8
合闸不同期	≤5		2.3	
分闸时间	≤32	23.7	24.6	22.6
分闸不同期	≤3		2.0	
合—分时间	55±5	24.2	35.9	52.4

　　根据厂家技术标准、《国家电网有限公司十八项电网重大反事故措施》、GB 38755—2019《电力系统安全稳定导则》及有关规定要求：断路器合—分时间的设计取值应不大于60ms，推荐采用不大于50ms，否则判定608断路器机械特性试验不合格。

　　甩开作辅助开关的信号转换驱动元件的信号缸对断路器机械特性影响过大，因此对A相断路器采取的措施不可取；根据604断路器处理经验，联系厂家对A相断路器信号缸进行了更换。同时，通过调节信号缸活塞油流量来实现对断路器合—分时间的调整，如图1-4-1和图1-4-2所示。处理后，再次对断路器进行机械特性试验，试验数据如表1-4-2所示。

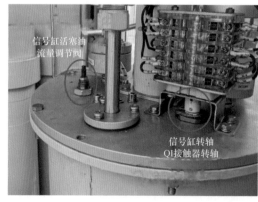

图1-4-1　信号缸结构及动作示意图　　　　图1-4-2　信号缸油流量调节阀标记

▼ 表1-4-2　　　　　　　608断路器机械特性测试数据（二）　　　　　ms

参数类别	厂家标准	A	B	C
合闸时间	≤100	64.0	61.2	61.0
合闸不同期	≤5		3.0	
分闸时间	≤32	24.4	25.0	22.8
分闸不同期	≤3		2.2	
合—分时间	55±5	57.5	54.7	51.5

注　本表数据取自更换A相信号缸后、增加B相合—分时间35.6ms，调整信号缸流量调节阀4次后合格。

更换A相卡涩信号缸、调整B相信号缸流量调节阀4次后合格后，608断路器辅助开关切换正常，机械特性试验合格。

2. 结论

断路器额定操作顺序中合—分是一次合闸后立即（也就是无任何故意的时延）紧跟一次分闸操作；合—分操作中，从合闸操作的第一极触头接触时刻到随后的分闸操作中所有极触头都分离时刻的时间间隔。合—分时间又称金属短接时间，它是断路器动、静触头在重合闸过程中的第一个"合"开始机械性接触起，指导重合闸第二个"分"又机械性地脱离接触之间的时间间隔。所谓断路器的"自卫"能力，是指断路器在"合—分"操作时，能保证将合闸进行到底，达到最终合闸状态，同时能保证下一个"分"操作时的"分闸速度"与"开断能力"。

断路器的合—分时间过长、过短或三相不一致时均会导致严重后果。如果合—分时间过长，则断路器将经受较长时间的短路电流，会对断路器及系统稳定性均造成严重破坏，《国家电网有限公司十八项电网重大反事故措施》要求：对252kV及以上断路器，合—分时间应满足电力系统安全稳定要求，应不大于60ms；如果合—分时间过短，断路器合闸时，特别是切断永久短路故障情况下，断路器灭弧介质绝缘强度与机械性能没有足够恢复，将不具备铭牌上的开断能力，断路器容易因开断能力不足而损坏；如果三相合—分时间严重不一致，将导致在断路器重合闸操作时出现三相不同期，相当于在一段时间系统出现非全相运行，会导致零序保护和负序保护误动。

对于断路器合—分时间测试，本次缺陷处理过程中采用了两种方式：①直接由机械特性测试仪器内触发进行测量；②由继保给出合闸指令，同时在保护装置上给上永久性短路故障特性信号，外触发由机械特性测试进行测量。两种测试方法相差约45ms左右，如表1-4-3所示。

▼ 表1-4-3　　　　　　608断路器机械特性测试数据（三）　　　　　　ms

参数类别	A	B	C
内触发（不带保护）合—分时间	57.5	54.7	51.5
外触发（带保护）合—分时间	100.6	93.2	95.2

注　本表数据取自更换A相信号缸后。

● **1.4.5 监督意见及要求**

（1）加强对同型号、同批次断路器的操作可靠性监测，该型号信号缸转轴磨损后，动作虽有卡涩，但仍存在偶发性，如伴有合闸线圈频繁烧坏的情况，应加强关注，并及时排查由信号缸机械卡涩导致的情况，及时开展检修。

（2）对同型号、同批次装有信号缸的断路器加强跟踪，结合停电检修机会，更换为改进型信号缸，从根本上解决问题，避免出现断路器无法分闸导致越级跳闸的现象。

（3）对220kV以上电压等级断路器，应在交接试验、例行试验中开展断路器合—分时间测量。建议明确合—分时间测量需带保护或不带保护进行。

1.5 220kV断路器微动开关卡涩导致压力闭锁分析

- 监督专业：设备电气性能
- 发现环节：运维检修
- 设备类别：断路器
- 问题来源：运维检修

1.5.1 监督依据

Q/GDW 1168—2013《输变电设备状态检修试验规程》

《电网设备诊断分析及检修决策》

1.5.2 违反条款

（1）依据Q/GDW 1168—2013《输变电设备状态检修试验规程》5.8.1.7规定，对于液（气）压操动机构，机构压力表、机构操作压力（气压、液压）整定值和机械安全阀校验应符合设备技术文件要求。

（2）依据《电网设备诊断分析及检修决策》7.2中SF$_6$断路器各部件的状态量诊断分析及检修决策规定，断路器液压机构（分、合闸）闭锁正确，压力开关压力值整定不正确时应闭锁回路异常等情况应立即开展B类检修，查明闭锁回路压力开关失灵、回路异常及压力值整定不正确原因并处理。

1.5.3 案例简介

根据省电力公司运维检修部下发的《LW10B-252型断路器液压机构闭锁油压专业化巡检方法》要求，检修人员在对某220kV变电站进行专业化巡检时，发现220kV紫水Ⅰ线608断路器铜质调节顶杆螺纹数目测存在明显差异：608断路器B相液压机构KP6顶杆高度超过KP5四螺纹（理论上KP6顶杆高度应低于KP5一螺纹左右），且KP6的微动开关金属触点已经顶死，检修人员立即将该问题上报市公司运检部。市公司运检部要求运维人员在停电检修前加强对该断路器液压机构压力值监视，并要求结合停电例行试验进行重点检查。该断路器型号为LW10B-252W，2007年3月出厂，2007年10月投运。

2017年3月，结合例行试验计划，检修人员对上述断路器三相闭锁压力节点进行校核，发现该断路器压力部分压力节点存在锈蚀、接触不良情况。现场负责人立即安排检修人员携带微动开关赶往现场，对三相断路器油压开关的微动开关全部进行更换。通过信号校对试验，各种信号核对正确无误后，608断路器于计划停电时间内恢复送电。

● 1.5.4 案例分析

1.现场检查

针对该液压机构断路器压力闭锁存在的隐患，检修人员对"问题"微动开关进行了现场分析及拆解分析，发现该微动节点存在如下问题：

（1）现场检查发现部分压力节点的微动开关触点锈蚀（如图1-5-1所示），且B相液压机构的KP4微动开关接触不良，已失去闭锁功能；KP6的微动开关金属触点已经顶死（如图1-5-2所示）。

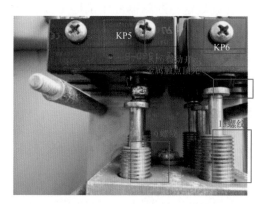

图1-5-1　220kV紫水Ⅰ线608断路器闭锁节点外观

（2）微动开关的接线端子及螺栓为黄铜材质，接线端子及部分端子螺栓氧化严重，如图1-5-3所示。

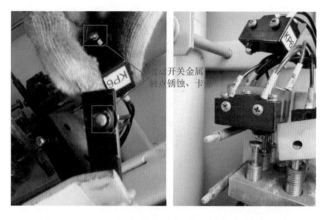

图1-5-2　608断路器液压机构闭锁节点微动开关

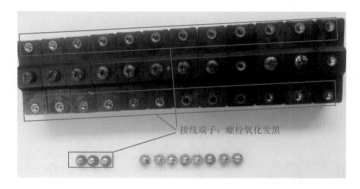

图1-5-3　微动开关接线端子及部分端子螺栓氧化发黑

通过查阅资料及外观检查，判定图1-5-3中黄铜材质接线端子长时间暴露在空气中，在空气中水分及氧气作用下逐渐氧化发黑，生成的物质为氧化铜（CuO），而氧化铜为不导电物质，故直接影响二次电缆与微动开关接触的可靠性，导致接触不良、闭锁失效。

（3）微动开关金属触点为铁材质且表面进行镀铜、镀铬处理，长时间运行后部分金属触点表面镀层损坏，触点锈蚀、卡涩，如图1-5-4所示。

从图1-5-5及图1-5-6对比可见，微动开关金属触点为钢材质，表面先镀铜，然后镀铬。长时间运行后，金属触点因受潮出现锈蚀，同时破坏表面镀层。同时，对新更换的RENEW（蓝鸟）牌微动开关金属触点进行分析发现，新的微动开关金属触点为黄铜材质，同时表面进行镀镍处理，如图1-5-7所示，铜材质节点的优点在于可有效避免触点因锈蚀而发生卡涩的问题。

图1-5-4 微动开关金属触点锈蚀严重

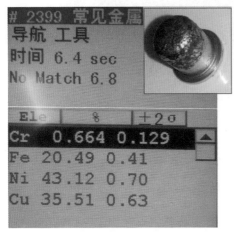

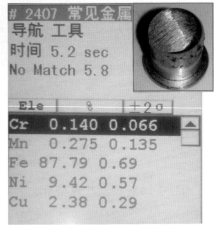

图1-5-5 金属触点未打磨前材质分析　　　图1-5-6 金属触点打磨后材质分析

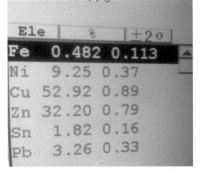

图1-5-7 新微动开关金属触点材质分析

（4）油压开关顶杆内的压力弹簧弹性存在较大差别。对该液压机构断路器压力开关的微动开关进行更换，随后进行闭锁压力信号校对和整定，在按要求完成校对、整定后，发现B相液压机构的KP6（油泵停止）对应顶杆螺纹仍然高出KP5（油泵启动）三螺纹，如图1-5-8所示。

图1-5-8　608断路器更换微动开关并调整顶杆后的螺纹情况

从图1-5-8可知，铜质顶杆内弹簧的疲劳程度及弹性系数存在明显不一致，从而导致KP6微动开关的铜质调节顶杆螺纹数在按要求调整后仍明显高于其他顶杆。

2.结论

综合分析以上因素，对本次LW10B-252型液压机构断路器压力闭锁缺陷进行了总结，主要有以下几点：

（1）本次停电检查过程中发现个别微动开关失效，其原因是微动开关接线端子暴露在空气中，出现了表面氧化发黑现象，生成了不导电的氧化铜，导致微动开关接线端子与二次电缆接触不良。

（2）此案例中，微动开关金属触点虽采用了大节点结构，但金属触点基材为钢材质，表面进行镀铜、铬处理，该金属触点在潮湿环境中运行近10年后外表面出现了锈蚀甚至卡涩。

（3）机构箱密封不严，内部二次元器件受潮为本次微动开关故障、压力闭锁失效的根本原因。

1.5.5 监督意见及要求

（1）加强巡视、排查。以省公司下发的《LW10B-252型断路器液压操动机构闭锁油压专业化巡检方法》为指导，加强对LW6B-252、LW10B-252型液压机构断路器在不停电条件下及停电条件下的检查。严格落实标准化作业指导流程，确保断路器例行试验相关要求得到有效执行。

（2）结合例行试验、检修对液压机构断路器压力闭锁微动开关接线端子的氧化层进行处理，并在接线端子处涂抹适量凡士林，以阻止接线端子与空气接触、降低表面氧化速度。

（3）检查断路器机构箱密封是否良好、驱潮装置是否正常工作，对机构箱密封不严以及元件受潮、锈蚀、发霉的问题应尽快进行处理。

（4）微动开关金属触点处不得使用润滑脂润滑，且应避免黏附润滑脂，否则会出现润滑脂变质干涸引起节点卡涩的情况。

1.6 220kV断路器油泵密封不良导致渗油分析

- 监督专业：设备电气性能
- 设备类别：断路器
- 发现环节：运维检修
- 问题来源：运维检修

1.6.1 监督依据

Q/GDW 1168—2013《输变电设备状态检修试验规程》
《电网设备诊断分析及检修决策》

1.6.2 违反条款

（1）依据Q/GDW 1168—2013《输变电设备状态检修试验规程》5.8.1.7规

定，对于液（气）压操动机构的例行检查和测试，在分闸和合闸位置分别进行液（气）压操动机构的泄露试验结果均应符合设备技术文件要求。

（2）依据《电网设备诊断分析及检修决策》7.2中SF₆断路器各部件的状态量诊断分析及检修决策规定，断路器液压操动机构渗油（每滴时间大于5s，且油箱油位正常），应在3个月内开展B类检修，对渗油部位进行紧固处理，更换密封件或管道，处理前视情况补充液压油。

● 1.6.3 案例简介

2017年7月28日，运行人员在巡视时发现某220kV变电站220kV宗浯Ⅰ线608断路器C相液压机构液压油油位偏低，且油泵处存在渗油，如图1-6-1所示。

因怀疑油泵螺栓松动、密封圈压缩老化，检修人员于当日对该断路器机构补充液压油，并紧固螺栓。当日检修后发现紧固螺栓未解决该油泵渗油的缺陷。

该断路器为LW10B-252型液压机构断路器，于2003年8月投运。9月9日，检修人员对该断路器停电更换C相油泵，并对更换下的油泵进行了拆解分析。

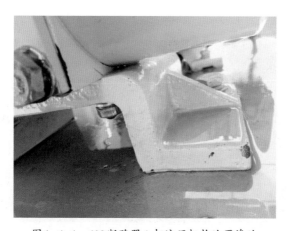

图1-6-1　608断路器A相液压机构油泵渗油

● 1.6.4 案例分析

对该断路器C相油泵进行解体后，发现该油泵靠排气螺栓侧端盖的O形密封圈压缩失效是造成此次油泵渗油故障的主要原因，如图1-6-2所示。

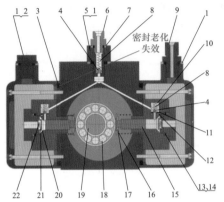

图1-6-2 油泵端盖O形密封圈老化失效

1、7密封垫圈装配；2—螺栓；3、11、13—O形密封圈；4—8.0000钢球；5、6、9—接头；
8、16、21—弹簧；10—座；12、14—挡圈；15—柱塞；17—限制件；18—轴承；19—转轴；
20—罩；22—圆片

为进一步核实该密封圈压缩、失效情况，检修人员对该密封圈厚度进行测量，发现该密封圈在自然状态下的厚度与端盖密封槽深度几乎一致，装配后已经无压缩余量，密封功能完全丧失。如图1-6-3所示，端盖密封槽深度为4.00mm，而该密封圈的厚度仅为4.30mm，基本无预压缩量，无法起到相应的密封作用。

图1-6-3 油泵端盖密封槽深及O形密封圈厚度测量

通过上述分析可知，该密封圈已经老化失效，密封圈在装配后与密封金属面之间无压紧力，从而导致该油泵渗油。

1.6.5 监督意见及要求

（1）断路器液压机构大修过程中，已经使用过的密封圈不得重复使用。

（2）建议检修单位常备1~2个新油泵，用于LW6B、LW10B型断路器液压机构油泵故障（打压超时、油泵渗油）时进行轮换抢修，缩短停电检修时间。

1.7 220kV断路器分闸掣子材质不佳导致拒分分析

- 监督专业：电气设备性能
- 设备类别：断路器
- 发现环节：运维检修
- 问题来源：运维检修

1.7.1 监督依据

Q/GDW 1168—2013《输变电设备状态检修试验规程》

1.7.2 违反条款

依据Q/GDW 1168—2013《输变电设备状态检修试验规程》5.8.1.7规定，轴、销、锁扣和机械传动部件检查，如有变形或损坏应予更换。

1.7.3 案例简介

2021年6月2日，在对某220kV变电站首检停电过程中，将220kV苏全线602断路器远方遥控分闸时C相出现拒分，两个分闸线圈均动作，分闸掣子已动作到位，但机构未动作，两个分闸线圈均烧毁，在询问厂家将分闸掣子强行复位，手动按压分闸衔铁后，C相断路器才分闸。

220kV苏全线602断路器型号为ZFW20-252，出厂日期为2018年8月，投运日期为2019年2月。2019年4月调整方式动作过，之后无动作记录。

● **1.7.4 案例分析**

1. 现场检查情况

2021年6月2日上午10时许，运行人员在对苏全线602断路器远方遥控操作分闸时C相拒分，其余两相正常分闸。经现场检查，断路器机构箱内有烧焦味，C相断路器两分闸线圈均呈焦黄色，已烧坏，如图1-7-1所示。两个分闸线圈均动作，分闸掣子已动作到位，但机构未动作。C相断路器动作计数器显示动作520次。

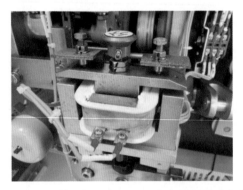

图1-7-1　苏全线602断路器C相分闸线圈已烧焦

现场检修人员在询问厂家后，将分闸掣子强行复位，手动按压分闸衔铁后，C相断路器才分闸。

2021年6月4日，厂家技术人员到达现场，经过现场检查后，更换了分闸保持掣子与A销，同时更换了烧焦的分闸线圈。从更换下来的分闸保持掣子和A销来看，分闸保持掣子与A销接触处、分闸掣子与分闸保持掣子接触处均存在不同程度磨损，如图1-7-2和图1-7-3所示。

对同批次、同型号、同厂家的220kV全蓉线614断路器的分闸保持掣子和A销进行更换，通过对比发现，602断路器的合闸保持掣子磨损程度较614断路器严重，如图1-7-4所示。另外，从602断路器的三相分闸保持掣子的磨损情况来看，C相（拒分相）的磨损比较严重。其中B、C相并非接触面整体磨损，而是局部磨损痕迹较深。614断路器三相分闸保持掣子磨损整体情况较好。

图1-7-2　新旧分闸保持掣子对比

图1-7-3　602断路器三相A销磨损

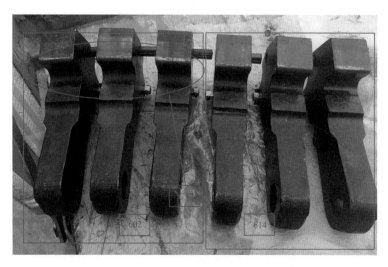

图1-7-4　602、614断路器分闸保持掣子磨损情况对比

更换完后，602、614断路器机械特性试验、动作电压试验等均合格，分合闸正常。

2. 分闸原理及原因分析

（1）操动机构结构。如图1-7-5所示，操动机构主要由机构架、分（合）闸弹簧、储能电动机、缓冲器、分（合）闸电磁铁以及凸轮、棘轮、大（小）拐臂、分（合）闸保持掣子、活塞杆、轴、销子等零部件组成。

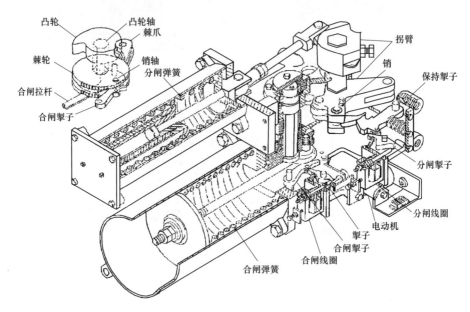

图1-7-5　操动机构结构图

（2）分闸操作原理。弹簧机构在合闸位置且分闸弹簧与合闸弹簧均储能。小拐臂和大拐臂受分闸弹簧逆时针方向的力矩作用，此力矩被分闸保持掣子和分闸掣子锁住。

分闸电磁铁的线圈接收分闸信号后带电，分闸电磁铁的动铁芯吸合，启动铁芯动作，带动分闸导杆冲动分闸掣子；分闸掣子沿顺时针方向旋转，释放分闸保持掣子；分闸保持掣子沿顺时针方向旋转，并释放A销；大小拐臂受分闸弹簧力的推动，沿逆时针方向旋转，小拐臂通过与其联结的拉杆等传动部件，使断路器灭弧室动、静触头快速离开，断路器分闸；同时小拐臂将分闸掣子压下，使机构处于分闸状态，如图1-7-6所示。

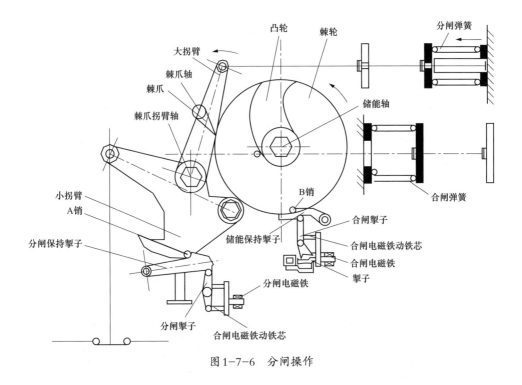

图1-7-6 分闸操作

（3）原因分析。

1）金属材质不佳。602、614断路器为同批次、同型号、同厂家，从分闸保持掣子的磨损情况来看，断路器动作次数基本一致，614断路器整体磨损比较轻微，602断路器磨损较为严重，且602断路器C相磨损最严重，局部出现较深的磨损痕迹，说明分闸保持掣子的材质不佳，硬度不均，加工工艺不良。

2）安装工艺不良。分闸保持掣子与A销的新旧版本间存在毫米级的尺寸偏差，其中新、旧A销直径分别为19.95、20.00mm，新旧分闸保持掣子尺寸分别为36.02、36.30mm，如图1-7-7所示。

3）配合公差过小。由于安装原因，602断路器C相分闸保持掣子与A销之间的配合不佳，在分闸保持掣子被释放后，分闸保持掣子顺时针旋转释放A销过程中，由于分闸保持掣子与A销之间由于配合公差过小，在分闸保持掣子即将释放A销时（在分闸弹簧力矩作用下，大小拐臂带动A销即将逆时针旋转时），会出现阻滞A销被释放现象，分闸弹簧能量无法释放，从而造成C相拒分，如图1-7-8和图1-7-9所示。

(a) 新A销直径

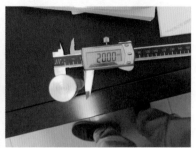

(b) 旧A销直径

(c) 新分闸保持掣子尺寸

(d) 旧分闸保持掣子尺寸

图1-7-7　新旧分闸保持掣子与A销前后变化图尺寸

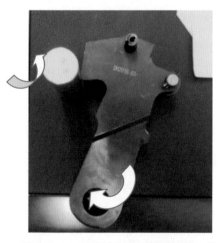

图1-7-8　分闸前分闸保持掣子与A销　　　　图1-7-9　分闸时分闸保持掣子与A销

4）质量把关不严。经询问厂家了解到该批次断路器机构非该厂家生产，为外购，未提供分闸保持掣子与A销尺寸，存在尺寸与质量把关不严问题。

● 1.7.5 监督意见及要求

（1）责令该厂家对更换下来的分闸保持掣子和A相开展金属性能的方面试验，提供相关检测报告、分闸保持掣子与A销尺寸及配合公差，并出具质量承诺保证函。

（2）加强分闸保持掣子等关键断路器机构部件的技术监督，入厂验收时明确要求厂家提供材质等相关检测试验报告及尺寸图纸，必要时送样品到电科院进行抽检。

（3）将换下来的分闸保持掣子及A销与厂家新换的样品送电科院做试验，以验证厂家提供解释说明原因的真伪性，另外以验证新换上的可有效解决拒分类似问题。

（4）密切关注2018年批次该厂家ZFW20-252型断路器的运行情况，加强运维巡视，结合停电联系厂家检查分闸保持掣子及A销的配合公差情况，可通过磨损痕迹来判断配合公差情况，若磨损严重，应立即更换分闸保持掣子及A销。

110kV及以下断路器技术监督典型案例

2.1 110kV断路器储能弹簧疲软导致断路器合闸不到位分析

- 监督专业：电气设备性能
- 设备类别：断路器
- 发现环节：运维检修
- 问题来源：设备制造

2.1.1 监督依据

《国家电网公司变电评价管理规定（试行） 第31分册　断路器检修策略》

《国家电网公司变电检修管理规定（试行） 第2分册　断路器检修细则》

2.1.2 违反条款

（1）依据《国家电网公司变电评价管理规定（试行） 第31分册　断路器检修策略》规定，弹簧机构操作卡涩，应开展C类检修，进行检查、试验、处理，必要时更换部件。

（2）依据《国家电网公司变电检修管理规定（试行） 第2分册　断路器检修细则》规定，弹簧操动机构分、合闸应到位，指示正确。

2.1.3 案例简介

某110kV变电站2号主变压器110kV侧520断路器，型号为LW36-126，2009年12月出厂。

2019年6月20日，某供电公司变电检修室在对该变电站2号主变压器110kV侧520断路器进行断路器动作特性试验时，发现520断路器在进行合闸操作后，无法继续分闸。检修人员在对断路器机构进行检查后，发现该断路器因合闸弹簧疲劳导致合闸不到位，导致机构内输出大拐臂与大凸轮未完全分开而无法继续进行分闸操作。

2.1.4 案例分析

1. 现场检查

检修人员关闭储能电源、控制电源后对断路器机构进行检查。

二次回路：该断路器机构分合闸回路、储能回路各元件运行良好，控制回路无断路、短路现象，分合闸线圈传动正确。

机械传动部件：断路器机构内部机械部件外观良好，无明显磨损老化现象。

分合闸操作：在远方对断路器进行分合闸操作时，断路器分、合闸传动正确，但在断路器合闸完毕后的储能过程中有伴随一声异响的情况，如图2-1-1和图2-1-2所示。

为寻找储能异响问题，检修人员在断路器储能后，关闭储能电动机电源，对断路器进行多次手动分合闸步进操作，发现断路器存在手动合闸后无法继续进行分闸操作的现象。而该情况发生时，均对应有机构合闸弹簧拉杆右倾的现象，接通储能电源后，在储能电动机运转的作用下，合闸弹簧拉杆从右倾的状态逐渐恢复垂直状态，拉杆到达垂直位置时，伴随一声异响，然后继续随着储能电动机的运转，拉杆逐渐远离垂直位置，并沿着中轴偏左上方慢慢拉升，最终转动过死点，完成整个合闸储能过程。考虑到合闸储能弹簧的运动轨迹，检修人员初步怀疑该断路器合闸弹簧存在疲软，导致断路器合闸无法到位。

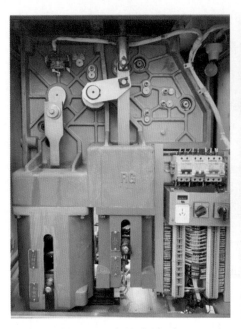

图2-1-1　合闸到位状态　　　　　图2-1-2　合闸未到位状态

2. 缺陷处理

2019年6月21日，检修人员联合厂家技术人员，对断路器合闸弹簧等机械部件进行解体，如图2-1-3所示。弹簧解体后对其加装弹簧垫圈，如图2-1-4所示。复装后，如图2-1-5和图2-1-6所示，弹簧压缩量得以增加，弹簧拉力得到提升，多次对断路器操作和进行相关动特性试验后，均合格，缺陷确认已得到消除。

3. 分析结论

如图2-1-7~图2-1-9所示，合闸脱扣线圈接到合闸命令后动作，使合闸半轴12顺时针方向转动，从而使合闸扇形板1与储能保持掣子2一起被释放，从而使储能保持解除，在合闸弹簧9的作用下，使储能轴4顺时针转动。储能轴4上的凸轮5随着储能轴的转动驱动内输出拐臂3上的滚子，使拐臂转动，并带动输出轴一起转动，再由固定在输出轴上的机构外输出拐臂通过分闸弹簧拉杆19和机构输出连杆10、断路器本体上的外拐臂把运动传给灭弧室，从

图2-1-3 机构合闸弹簧解体

图2-1-4 加装合闸弹簧垫圈

图2-1-5 合闸弹簧复装

图2-1-6 合闸弹簧拉杆复装

而使灭弧室中的触头闭合。

同时，分闸弹簧20在机构输出外拐臂及分闸弹簧拉杆19的作用下进行储能。合闸驱动块17沿着合闸保持掣子16上的滚子运动，在此运动曲线的末端，合闸驱动块会滑落在合闸保持掣子的后面，并被滚子挡住，不能倒转，从而完成了分闸弹簧的储能。正常情况当内输出拐臂3与凸轮5分开时，它才向分闸方向反转回去一点，直到合闸驱动块17被限制在合闸保持掣子16的滚子上，通过分闸扇形板及分闸半轴扣住，使断路器保持在合闸状态。

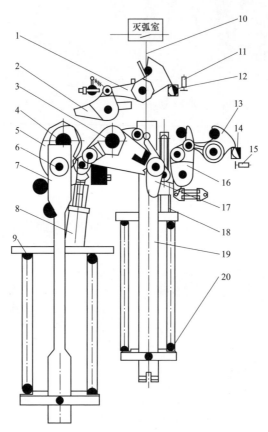

图 2-1-7　弹簧操动机构分闸未储能状态示意图

1—合闸扇形板；2—储能保持掣子；3—内输出拐臂；4—储能轴；5—凸轮；6—拐臂；7—合闸弹簧杆；8—合闸缓冲器；9—合闸弹簧；10—机构输出连杆；11—合闸电磁铁；12—合闸半轴；13—分闸扇形板；14—分闸半轴；15—分闸电磁铁；16—合闸保持掣子；17—合闸驱动块；18—分闸缓冲器；19—分闸弹簧拉杆；20—分闸弹簧

而由于该断路器合闸弹簧疲劳导致弹簧弹力不足，当分闸弹簧20在机构输出外拐臂及分闸弹簧拉杆19的作用下进行储能时，因内输出拐臂3与凸轮5

未完全分开，内输出拐臂3无向分闸方向反转空间，此时虽然合闸未到位，但合闸驱动块17可能滑落在合闸保持掣子的后面，并被滚子挡住，不能倒转，又由于内输出拐臂3与凸轮5未完全分开，导致接近合闸的机械位置仍能得以保持，而此时再进行分闸操作，内输出拐臂3未与凸轮5完全分开，已无旋转空间，无法顺利分闸。合上储能电源以后，因储能电动机的运转作用，使得合闸弹簧拉杆能够恢复垂直状态，此时内输出拐臂3与凸轮5得以完全分开，后续分闸操作才得以继续进行。

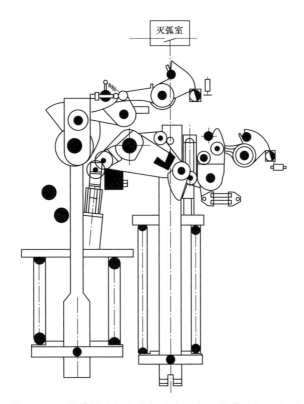

图2-1-8　弹簧操动机构分闸状态、合闸弹簧储能示意图

● 2.1.5　监督意见及要求

（1）加强对该型号断路器动作特性的监测，测试其行程曲线是否符合厂家标准曲线要求，从历次试验数据中及时排查和发现存在弹簧疲劳的断路器，

并及时开展检修。

（2）对运行10年以上的弹簧机构可抽检其弹簧拉力，防止因弹簧疲劳，造成开关动作不正常。

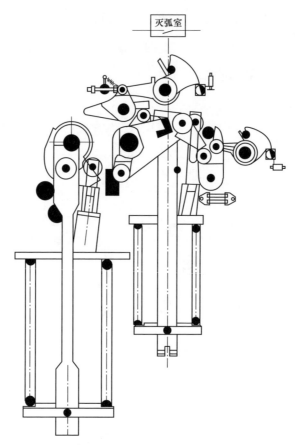

图2-1-9　弹簧操动机构合闸状态、分闸弹簧储能示意图

（3）对于加装弹簧垫圈进行处理后的断路器加强跟踪，结合停电检修机会，更换断路器分合闸弹簧，从根本上解决问题。

（4）日常运维中要加强断路器机构箱密封性维护，加强机构箱加热驱潮装置的维护，保证断路器机械部件良好的运行环境以减缓机械部件锈蚀、劣化的速度。

2.2 110kV变电站10kV断路器偷跳偷合异常情况分析

- 监督专业：继电保护
- 设备类别：开关柜
- 发现环节：运维检修
- 问题来源：PMS缺陷

2.2.1 监督依据

DL/T 995—2006《继电保护和电网安全自动装置检验规程》

2.2.2 违反条款

依据DL/T 995—2006《继电保护和电网安全自动装置检验规程》6.6.1规定，对于操作箱中的出口继电器，还应进行动作电压范围的检查，其值应在55%~70%额定电压。对于其他逻辑回路的继电器，应满足80%额定电压下可靠动作。

2.2.3 案例简介

某110kV变电站为某供电公司2001年建成投运的室外变电站。站内10kV开关柜为交流金属封闭开关设备，型号为GZS-12-002，出厂日期为2000年12月。10kV保护测控装置使用独立的操作箱，保护装置型号均为SEL-551，生产厂家为美国某公司，属于省公司界定黄牌产品，出厂日期为2001年1月；操作箱型号为LF-SCZX，出厂日期为2000年10月。

2019年4月2日，某供电公司变电检修室收到340断路器偷跳的抢修任务。二次检修人员立即赶往现场检查发现10kV湘银线340断路器不仅存在偷跳现象，还存在偷合、合后位继电器无法复归的现象。

2.2.4 案例分析

现场一次检修人员检查发现340断路器机构无异常，二次检修人员优先

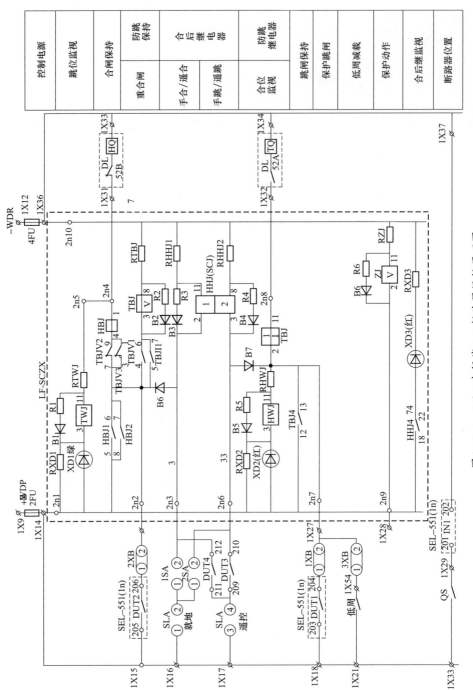

图 2-2-1 10kV 湘银线 340 断路器保护原理图

对保护偷跳现象进行排查，检查发现保护装置和后台机均未查到保护装置动作信息，断路器跳闸期间10kV湘银线340断路器负荷电流未达到动作电流，初步排除保护动作导致断路器跳闸。二次检修人员将操作把手切换至"就地"，检查发现跳闸回路电位正常，排除操作箱内跳闸回路异常导致断路器跳闸，将操作把手切换至"远方"，340断路器立即跳闸，测量图2-2-1中保护装置209、210触点电位分别为110、109V，初步确认开关偷跳原因为保护装置出口触点OUT3存在异常。

将保护装置主板拆下，检查发现出口触点OUT3并联了电容器元件（如图2-2-2所示），起到消弧作用，测量其电容值为0.28nF，其余出口回路并联电容值达到1.0nF，由此判断断路器偷跳原因为保护装置出口触点OUT3并联电容击穿。

图2-2-2 保护装置主板插件图

随后检修人员对开关偷合原因进行检查，检查发现合上储能、装置、控制电源，将操作把手切换至"就地"，断路器合闸一次，再分闸一次后便无法再合闸，同时合后位灯无法复归，如图2-2-3所示。

二次检修人员在断路器分闸情况下测量图2-2-1中2n2的电位为110V，2n3的电位为-110V，断开保护合闸压板2XB，压板下端头电位为0V，初步确定故障原因为操作箱内部合闸回路，拆下操作箱插件，如图

2-2-4所示，测量HBJ1和HBJ2并接的触点，发现触点闭合，触点间的电阻为0.8Ω，如图2-2-5所示。

图 2-2-3　合后位灯无法复归

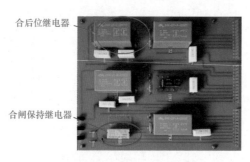

图 2-2-4　10kV操作箱插件

图 2-2-5　HBJ1触点和HBJ2触点损坏

分析可知，当手合断路器，HBJ电流线圈励磁，HBJ1和HBJ2触点闭合，断路器合闸，再手分断路器，防跳继电器电流线圈TBJI励磁，TBJI1触点闭合，由于HBJ1和HBJ2触点无法复归仍处于闭合状态，防跳继电器电压线圈TBJV励磁，TBJV1触点闭合，防跳回路通过HBJ1触点和HBJ2触点实现自保持，TBJV2和TBJV3动断触点一直处于断开状态，导致断路器无法合闸。由此判断HBJ继电器的HBJ1和HBJ2触点损坏，励磁后无法复归，一直处于闭合状态，此时若防跳继电器处于未动作状态，合上装置电源、储能电流和控制电源，由于HBJ1和HBJ2触点闭合，断路器将自动合闸，给设备运维检修带来极大风险。

现场二次检修人员将损坏的HBJ继电器（型号为JHX-3F-A-2H）取下后，进行解体检查，发现继电器内部积灰严重，动合触点HBJ1、HBJ2粘连，如图2-2-6所示。

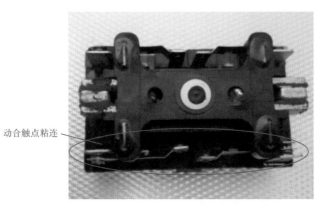

动合触点粘连

图2-2-6　损坏的HBJ继电器

二次检修人员取下合后位继电器HHJ进行试验，当其复归线圈电压加到110V时合后位继电器HHJ其动合触点HHJ4仍无法断开，而同型号的继电器当电压加至60V时HHJ4已断开，由此判断合后位继电器HHJ损坏。

查明原因后，现场二次检修人员将保护装置OUT3并联电容、操作箱HBJ继电器、合后位继电器HHJ进行更换，并全面进行整组传动试验，试验合格，消除了10kV断路器偷合偷跳以及合后位无法复归的复杂异常现象，确保了电力系统安全稳定运行。

● 2.2.5 监督意见及要求

（1）全面排查辖区内保护装置型号为SEL-551的产品，防止出口触点并联电容击穿导致保护误动作，排查操作箱型号为LF-SCZX的产品，防止其内部继电器老化或触点粘连导致断路器误跳合情况的发生。

（2）在新改口建站工程中，加强对新入网设备的入场监造和竣工验收，注意强调保护装置不得在它的控制触点上并接电容、电阻回路实现消弧。

（3）加大对省公司界定继电保护黄牌产品的综合自动化改造力度，尽快制订改造计划，从根本上杜绝断路器偷合偷跳情况的发生。

（4）巡视中加强对型号为SEL-551的保护装置出口触点电位的关注，发现异常及时报告处理。

2.3 110kV断路器传动连杆拐臂轴销松动异常分析

- 监督专业：电气设备性能
- 设备类别：110kV弹簧机构断路器
- 发现环节：运维检修
- 问题来源：设备质量

● 2.3.1 监督依据

《国家电网公司变电检修管理规定（试行） 第2分册 断路器检修细则》

《国网湖南电力运检部关于发布2018年电网设备家族缺陷的通知》（运检〔2018〕146号）

● 2.3.2 违反条款

（1）依据《国家电网公司变电检修管理规定（试行） 第2分册 断路器检修细则》中2.6弹簧操动机构巡视要求，挡圈无脱落，轴销无开裂、变形、锈蚀。

（2）依据《国网湖南电力运检部关于发布2018年电网设备家族缺陷的通知》（运检〔2018〕146号）附件电网设备家族缺陷发布单编号HNDW-2018-001。

● 2.3.3 案例简介

110kV变电站林比跳仙寺线502断路器、林树仙跳寺线504断路器，型号为LW46-126/T3150-40，出厂时间为2009年8月，其缺陷描述为该型号断路器传动连杆拐臂轴销及其限位螺栓存在设计缺陷，在运行过程中轴销可能会松动甚至脱落，严重时造成断路器拒动事故。

2019年10月24日，结合变电站110kV设备停电检修工作，检修人员在对502、504断路器操动机构传动部件检查过程中发现，部分拐臂轴销的限位螺栓已发生松动、变形等，在断路器分合闸操作过程中，极有可能使轴销脱落，造成断路器非全相分合闸，严重时可造成断路器无法灭弧从而引发爆炸事故。检修人员立即对502、504断路器传动连杆的拐臂轴销和限位螺栓进行了更换，将其更换为卡销限位结构形式。更换后断路器传动连杆动作无异常，断路器运行正常。

● 2.3.4 案例分析

断路器传动连杆拐臂分别位于A、B、C三相绝缘绝缘子下方，如图2-3-1所示，打开机构侧封板即可看到，A、C相拐臂处各有一个轴销（见图2-3-2），B相拐臂有两个轴销（见图2-3-3），该型号断路器共有4套轴销和限位螺栓。

原轴销通过限位螺栓直接固定，而限位螺栓仅通过螺纹咬合住拐臂上的螺孔，对侧没有使用螺母，且未采用弹垫等防松动措施。限位螺栓的外沿部分压住轴销使其不会松动脱落，以保证断路器的正常分合闸操作。如图2-3-1所示，由断路器连杆拐臂结构可知，拐臂、轴销、限位螺栓三者之间存在相互摩擦作用。在断路器不断分合闸操作过程中，水平传动连杆通过拐臂带动垂直连杆运动，拐臂自身做旋转运动，拐臂轴销也同样做旋转运动。限位螺栓紧靠轴销，在轴销做旋转运动时限位螺栓同样受到一个摩擦力而有旋转运

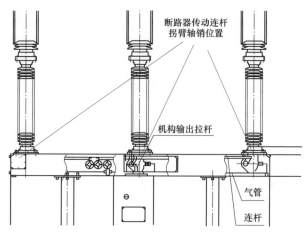

图 2-3-1　断路器各相传动连杆拐臂位置

图 2-3-2　断路器 C 相拐臂轴销（已更换）　　　图 2-3-3　断路器 B 相拐臂轴销

动的趋势。同时，断路器在分合闸操作过程中会产生机械振动，在断路器运行一段时间后，限位螺栓就会有松动甚至脱落的可能性，进而出现轴销脱出、连杆松脱，造成断路器非全相分合闸，严重时可造成断路器无法灭弧从而引发爆炸事故。如图 2-3-4 所示为检修人员更换时发现 504 断路器 C 相拐臂已出现限位螺栓松动的情况，其螺杆已有部分脱出。从图 2-3-5 可以看出，轴销的转动在限位螺栓上留下了明显的划痕，摩擦作用下的限位螺栓外沿已被削平了一小圈，可见轴销转动时摩擦力对限位螺栓存在较大影响。

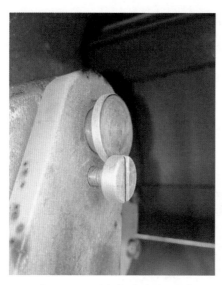

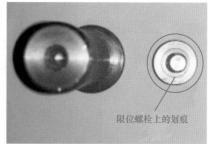

图2-3-4 已经松动的限位螺栓 图2-3-5 轴销在限位螺栓外沿的划痕

检修人员将原拐臂轴销与限位螺栓进行拆卸，拆下的轴销与螺栓如图2-3-6所示，其限位原理为通过限位螺栓的外沿部分挡住轴销，使轴销不会松动脱落。而新更换的轴销如图2-3-7所示，螺栓通过压紧一块金属片，再通过金属片卡住轴销上的凹槽，这样就起到了固定轴销的作用。

图2-3-6 原轴销固定方式 图2-3-7 更换后的轴销固定方式

重新更换的拐臂轴销及限位螺栓结构如图2-3-8所示，其不再采用限位螺栓直接压紧轴销的方法，而是在限位螺栓与轴销中间增加了一个带孔的金属片。螺栓压紧金属片，金属片卡住轴销使其不会松动。轴销转动时的摩擦力没有直接作用到限位螺栓上，而是通过金属片传递给螺栓，此时螺栓受到的不是一个促使其旋转的力，同时螺栓采用了弹簧垫片防松动措施，从而大大降低了松动的风险。更换后断路器动作正常。

图2-3-8　更换后的拐臂轴销及限位螺栓

● 2.3.5　监督意见及要求

（1）结合停电检修，尽快对各变电站内该厂的LW46-126/T3150-40型断路器拐臂轴销进行检查、更换。

（2）在开展断路器检修工作时，需检查其机构箱、传动连杆各部位连接螺栓、轴销是否存在松动变形现象，吸取该厂该设备家族性缺陷的经验教训，防止同类事故发生。

（3）加强设备验收的质量把关。该家族性缺陷为设备厂家的设计缺陷，厂家应提高自身质量把控水平，出厂前严格按标准进行设备的试验和检测，如断路器的分合动作试验次数按要求完成，检测出的问题应及时解决；验收人员在设备出厂、竣工验收时应严格把控设备质量，严把设备入网关。

2.4 110kV断路器漏气异常分析及防范措施分析

- 监督专业：化学
- 设备类别：断路器
- 发现环节：运维检修
- 问题来源：安装调试

2.4.1 监督依据

《国家电网公司变电检测通用管理规定（试行） 第13分册 红外成像检漏细则》

2.4.2 违反条款

依据《国家电网公司变电检测通用管理规定（试行） 第13分册 红外成像检漏细则》第4章规定，检漏仪若显示烟雾状气体冒出，则该部位存在泄漏点。

2.4.3 案例简介

2017年第一季度，某供电公司共计发生6起110kV及以上SF_6断路器低气压报警或接近低气压报警值的异常，某检修公司均及时对其进行了补气及渗漏点消缺处理。SF_6气体泄漏将导致断路器内部绝缘能力下降，对设备安全稳定运行造成影响，同时压力降低可导致断路器闭锁，严重时将危及电网的稳定运行。由于气温下降的影响，每年冬季都是SF_6泄漏异常高发的时期，为了降低冬季期间SF_6设备气体泄漏事件的发生概率，检修公司对2017年第一季度的几起断路器SF_6泄漏的典型案例进行了分析，总结经验，提出防范措施。

2.4.4 案例分析

1. 526断路器SF_6表计下端接头漏气

（1）检测及处理过程：2017年1月4日运行人员在巡视过程中，发现526

断路器 SF_6 气体压力值偏低，接近报警值，立即通知检修人员进行处理。检修人员在对526断路器补气的同时，对该断路器进行检漏，发现526断路器表计下端接头有漏气点。可见光及红外检漏图谱如图2-4-1和图2-4-2所示。检修人员对该表计进行了更换，更换后漏气点消失。

 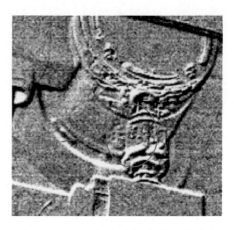

图2-4-1　526断路器 SF_6 表计可见光图　　图2-4-2　526断路器 SF_6 表计红外图谱

（2）原因分析：该部位漏气可能存在以下两个原因。

1）SF_6 表计下端接头处密封圈由于长时间运行老化或劣化，密封性能下降，造成气体泄漏。

2）施工工艺不合格，螺栓未完全紧固，密封圈未压紧，长期运行后密封失效，造成气体泄漏。

2. 602断路器B相气管尾端漏气

（1）检测及处理过程：2017年1月7日，运行人员在巡视过程中，发现220kV 602断路器 SF_6 气压偏低，立即通知相关检修人员进行补气。检修人员到达变电站后在补气过程中对该断路器进行检漏，检测发现该断路器 SF_6 表计下端连接管道尾端紧固螺母处漏气。其可见光图谱如图2-4-3所示，红外图谱如图2-4-4所示，检修人员对漏点螺母进行紧固，漏气现象消失。

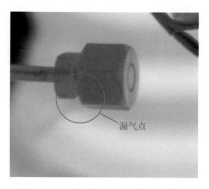

图 2-4-3　602 断路器 B 相漏气部　　图 2-4-4　602 断路器 B 相漏气部位
位可见光图谱　　　　　　　　　红外图谱

（2）原因分析：该部位为 SF_6 气管尾端接头处，通过螺母、管道螺纹以及密封圈对该部位进行密封，由于各部件膨胀系数不一致，当气温变化时，各部件将发生不同程度的变形，当密封圈性能良好时，不同程度变形导致的差异可由密封圈的弹性形变来弥补，如果密封圈老化或劣化，弹性形变能力下降，其差异将得不到有效补偿，就有可能导致密封失效，此时就需要通过进一步紧固螺母来恢复其密封状态。因此该设备 SF_6 气体泄漏的原因主要为 SF_6 气体管道尾端密封圈性能下降。

3. 520 断路器 B 相截止阀漏气

（1）检测及处理过程：2017 年 1 月 13 日，在某变电站 520 断路器停电例行试验中，检修人员发现该断路器 SF_6 气压偏低，故对其进行了全面的 SF_6 检漏，检测发现 520 断路器 B 相截止阀存在漏气，红外检测图谱如图 2-4-5 所示，检修人员对截止阀进行了更换，恢复后漏气点消失。

（2）原因分析：检修人员对更换下的截止阀进行了解体，仔细检查后发现其阀芯密封圈破损，拆解后的图片如图 2-5-6~图 2-5-9 所示。截止阀由阀体、阀杆、阀盖、手轮组成。截止阀的工作原理：转动截止阀的手轮可带动阀杆做直线运动，从而控制 SF_6 气体的通断，而阀杆上的密封圈则是保持截止阀气密性的部件。通过检查发现该截止阀的密封圈已破损，这是造成 SF_6 泄漏的主要原因。

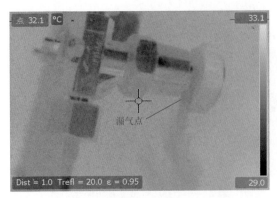

图 2-4-5 520 断路器 B 相红外检测图谱

图 2-4-6 截止阀整体图

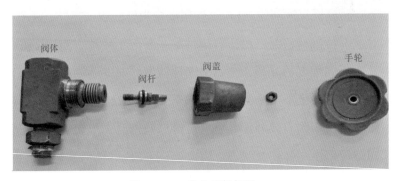

图 2-4-7 截止阀拆解图

图 2-4-8 阀杆整体图

图 2-4-9 阀杆拆解图

4. 600 断路器 C 相充气口泄漏

（1）检测及处理过程：2017 年 2 月 12 日，600 断路器 C 相低气压报警，检修人员收到通知后立即赶赴现场对 600 断路器进行补气及检漏。检修人员现场使用TIF检漏仪检测发现在该断路器的充气口处存在漏点（如图2-4-10所示），打开该断路器充气口后发现该处密封圈存在异常变形（如图2-4-11所示），且已完全失去弹性，检修人员更换了该处密封圈，恢复后进行检漏，漏气现象消失。

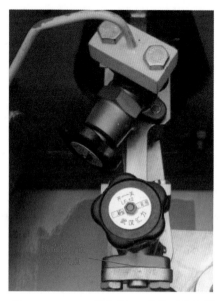

图2-4-10　600断路器SF$_6$表计可见光图

图2-4-11　压缩变形的密封圈

（2）原因分析：充气接头处密封圈变形失效是漏气的主要原因，同时上部阀门未能完全闭锁也是漏气的原因之一。密封圈密封性能失效的原因，一是接头安装时密封圈未完全入槽，紧固压片时对密封圈进行了挤压，导致密封圈变形；二是密封圈本身材质较差，运行中快速劣化，失去弹性。

● 2.4.5　监督意见及要求

2017年第一季度，某供电公司断路器SF$_6$低气压异常共计发生6起，具体情况见表2-4-1。

▼ 表2-4-1   SF₆断路器漏气异常情况统计

型号	出厂日期	检测时间	漏气原因
LW36-126W	2015-02-01	2017-01-04	SF₆表计下端接头处密封性能下降
LW15-252	2005-03-01	2017-01-07	B相机构内SF₆气管尾端密封性能下降
LW25-126	2009-11-01	2017-01-13	B相断路器本体截止阀阀芯密封圈破损
LW25-252	2009-06-01	2017-01-16	B相SF₆充气及检测接头处密封圈硬化失效
LW15-252	2002-12-22	2017-02-12	C相SF₆充气接头处密封圈变形失效
LW25-126	2003-12-01	2017-02-17	B相断路器本体截止阀阀芯密封圈硬化失效

分析6起异常，发现密封圈密封性能的下降是造成断路器SF₆泄漏的主要原因。而密封圈性能下降主要有两个原因，一是本身材质不佳，劣化较快；二是安装不当，密封圈破损或受到异常压力。

（1）目前电力设备所用的密封圈材质大多为丁腈橡胶，由丁二烯和丙烯腈聚合而成，其耐油性、耐磨性、耐热性较好，可以满足电力设备油气密封的需要。但丁腈橡胶中丙烯腈含量有五等，其含量的高低将对其性能造成影响，丙烯腈含量越高，其耐油性、耐磨性会上升，但其耐寒性、耐永久变形性、弹性将相应下降。因此，在气温较低时，材质不佳的密封圈将更易劣化，失去弹性，起不到密封作用。建议省电科院对密封圈材质进行进一步的研究，确认适合当地气候条件的充气设备密封圈材质要求，并尝试开展密封圈材质抽检，避免设备厂家使用劣质密封圈。

（2）对于SF₆气体充气及检测接头处的密封圈由于充气或SF₆气体检测，在运行中可能会多次进行拆装，因此首先要加强检修检测人员的培训，确保每次拆装接头时密封圈均安装到位，避免安装不当导致密封圈失效。同时要求每次拆装接头时必须检查密封圈性能，如发现其性能不佳，需立即将其更换，对运行超过15年的密封圈也建议统一更换。

（3）对多次出现SF_6泄漏的同厂、同型号断路器巡视时，应加强对其SF_6气体压力的关注，如西安某公司出厂的LW25-126型断路器其本体截止阀多次出现漏气现象，对该类设备巡视时应重点关注。对运行年限较久的该类设备建议制订计划，结合停电检修对密封圈、截止阀等部件进行检查更换。

（4）继续加强对SF_6压力异常设备的管理，及时对压力异常设备进行补气检漏及消缺处理。在检漏的过程中可采用红外成像检漏、TIF检漏仪、肥皂泡涂抹等多种手段相结合，对各个接头及密封件部位进行重点检测。

2.5 110kV断路器机构箱防水设计不合理导致密封不良、箱内积水分析

- 监督专业：设备电气性能
- 设备类别：断路器
- 发现环节：运维检修
- 问题来源：运维检修

2.5.1 监督依据

Q/GDW 1168—2013《输变电设备状态检修试验规程》

Q/GDW 171—2008《SF_6高压断路器状态评价导则》

《电网设备诊断分析及检修决策》

2.5.2 违反条款

（1）依据Q/GDW 1168—2013《输变电设备状态检修试验规程》5.8.1.7规定，例行检查和测试时，检查是否存在锈蚀，如有需进行防腐处理。

（2）依据Q/GDW 171—2008《SF_6高压断路器状态评价导则》中2.2弹簧机构评价标准规定，机构箱密封不良，箱内有积水，评价为严重状态。

（3）依据《电网设备诊断分析及检修决策》7.2 SF$_6$断路器各部件的状态量诊断分析及检修决策规定，断路器弹簧操动机构箱因防水设计不合理导致的密封不良、箱内积水，应尽快开展 B 类检修，改造或更换机构箱。

● 2.5.3 案例简介

2016年10月11日，某220kV变电站集中停电改造前夕，变电检修室组织检修人员对该站进行精益化评价，以便在该变电站全站停电检修期间对所发现问题进行整改。在排查过程中发现，110kV曲拱Ⅰ线 518断路器、旁路522断路器机构箱内部积水严重、二次元件凝露发霉。

结合2016年专业化巡检及2016年状态评价结论汇总表，检修部门统计本公司目前在运的该厂家LW25-126断路器共计64台，因机构箱密封不严并上报过的缺陷涉及该厂家该型号断路器多达数十台，缺陷率达到近20%。而之前的处理办法均为结合停电检修、例行试验在渗漏缝隙部位重新涂装密封胶，该方法未能从根本上解决该问题，涂装的密封胶老化失效较快，该缺陷往往在1~2年内再次复发。

针对该问题，检修部门组织本公司及断路器厂家技术人员做了专题讨论，出具并结合某220kV变电站整站改造对LW25-126型断路器机构箱漏水问题进行了"标本兼治"的处理。

● 2.5.4 案例分析

1. 现场检查

（1）机构箱内部检查。对某变电站110kV曲拱Ⅰ线 518断路器、旁路522断路器机构箱内部检查发现，机构箱内部多个角落存在明显的水渍，且水渍痕迹显示水流从机构箱与断路器水平传动箱接合处进入，二次元件上凝露且已受潮发霉，如图2-5-1~图2-5-3所示。

图2-5-1　机构箱内二次元件凝露

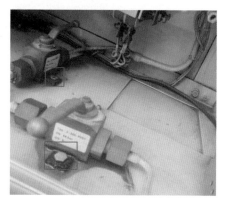

图2-5-2　机构箱内二次元件发霉　　图2-5-3　机构箱内积水、部分固定件锈蚀

如图2-5-4所示，机构箱漏水部位为机构箱与断路器水平传动箱的接合部位，漏水明显。机构箱漏水问题导致二次元件严重霉变、部分金属件严重锈蚀，且入侵的雨水积聚在机构箱内无法顺利排出。同时，机构箱内驱潮装置启动后，箱内热量传导不均匀，箱内左侧的二次元件因温度相对偏低而凝露。

（2）机构箱外观检查。对机构箱外观进行检查，发现机构箱与断路器其他部件接合部位存在多处密封胶老化龟裂，密封胶已基本无密封作用。

（3）如图2-5-5、图2-5-6所示，机构箱与传动箱、合闸弹簧外套接合部位等位置的密封胶均已发生开裂，同时结合图2-5-4所示机构箱内漏水部位，可以判断漏水主要原因为机构箱顶部盖板与水平传动箱接合部位密封失效。

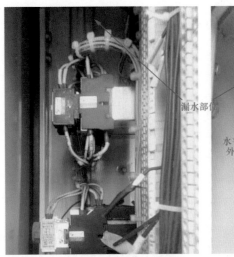

图 2-5-4　机构箱漏水部位

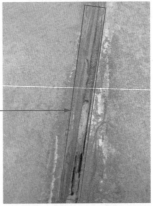

图 2-5-5　机构箱顶盖与传动箱接合部位密封胶龟裂

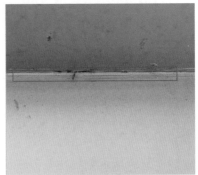

图 2-5-6　机构箱与合闸弹簧金属外套接合部分、机构箱后下侧封板与传动箱的密封胶龟裂

2. 缺陷原因分析

通过现场查勘及分析，发现该类机构箱漏水主要有以下两方面原因：

（1）机构箱密封设计不合理，机构箱与机构水平传动箱采用"对接"方式，而非"搭接"方式，从而导致两者之间必然存在缝隙。同时机构箱内操动机构及合闸弹簧动作过程中的剧烈振动必然引起两者之间缝隙距离的改变。

（2）密封胶老化龟裂是导致密封失效的直接原因。顶部的密封胶所处环境最为恶劣，夏季温度最高可达50℃以上，在冷热交替的环境下必然会出现老化龟裂。

如图2-5-7所示，因该机构箱设计缺陷及密封胶老化失效，雨水会通过机构箱与水平传动箱间的缝隙浸入机构箱，从而出现如图2-5-4所示的机构箱内部水渍。

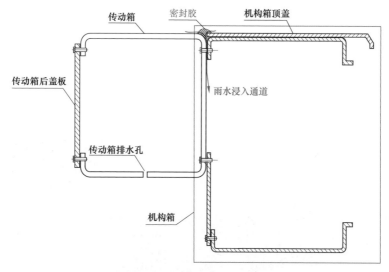

图2-5-7　断路器机构箱设计结构

3. 处理措施

结合机构箱结构原理及现场相关检修人员的意见，对机构箱顶部进行了适当改造，通过氩弧焊焊接方式加装了不锈钢防雨罩，将上述的"对接"缝隙直接进行遮盖，其改造示意图、现场实物图分别如图2-5-8、图2-5-9所示。

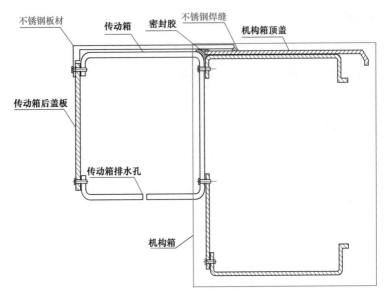

图2-5-8　机构箱改造原理图

从图2-5-9可见，加装的不锈钢板材一端与机构箱直接焊接并涂密封硅胶，不锈钢板材另一端在折弯90°后使用传动箱后盖板螺栓固定，实现了对机构箱顶部缝隙的遮盖，并且在不锈钢板两侧与机构箱的缝隙处采用硅胶进行密封。

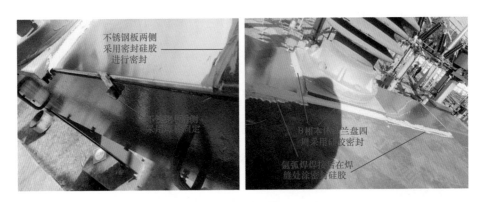

图2-5-9　机构箱改造后的结构

附加形成的不锈钢板与机构箱间的密封不同于机构箱与传动箱间的密封，由于其一端的焊接方式，且未与水平传动箱进行紧配合，因此，不锈钢板与机构箱间搭接形成的缝隙在机构动作剧烈振动过程中，两者间的相对位移可忽略不计。不锈钢板端部的密封胶可缓冲两者之间的振动，同时可对两者之间因热胀冷缩产生的相对细微变形进行有效补偿。

● 2.5.5　监督意见及要求

（1）对公司在运的LW25–126型断路器机构箱进行全面排查，及早发现并结合停电检修机会对机构箱漏水缺陷进行整改。

（2）对于已发现的机构箱存在漏水的断路器，应重点检查机构内机械部件、二次元件的状态，在暂无停电条件的情况下应及时清理积水并使用电吹风对内部元件进行风干处理，避免二次回路因受潮缺陷可能引发的断路器拒分故障。

2.6　35kV断路器机构箱密封性能差导致二次元器件锈蚀后拒动分析

- ● 监督专业：电气设备性能
- ● 设备类别：断路器
- ● 发现环节：运维检修
- ● 问题来源：设备制造

● 2.6.1　监督依据

Q/GDW 1168—2013《输变电设备状态检修试验规程》

● 2.6.2　违反条款

依据Q/GDW 1168—2013《输变电设备状态检修试验规程》5.8.1.7规定，SF$_6$断路器的并联合闸脱扣器在合闸装置额定电源电压的85%~110%范围内，应可靠动作；并联分闸脱扣器在分闸装置额定电源电压65%~110%（直流）或85%~110%（交流）范围内，应可靠动作。

● **2.6.3 案例简介**

2019年8月7日，某110kV变电站402线路故障，保护启动，402、410断路器先后拒动，510、310断路器跳开最终切除故障。运检人员对402、410断路器部分元器件更换后，故障消除，最终判断事故原因为机构箱密封性能差，导致断路器二次元器件锈蚀后拒动。

该断路器型号为LW16-40.5，操动机构型号为CT10-A弹簧操动机构，1999年8月出厂，2000年6月投运。

● **2.6.4 案例分析**

1. 现场试验情况

事故发生后，运检人员现场检查发现402、410断路器发生控制回路断线，机构箱内有焦臭味，初步判断故障直接原因为两台机构分闸线圈烧损导致断路器拒动。

检修人员更换402、410断路器分闸线圈，并对两台断路器进行机械特性试验。410断路器处理后，机械特性试验结果正常。402断路器处理后，低电压试验不合格，电压达到200V仍无法启动分闸，试验结果如表2-6-1所示。

▼ 表2-6-1　　　　　　　　　402断路器分合闸试验结果　　　　　　　　　ms

试验项目	相别			
	A	B	C	三相同期
合闸时间	35.5	35.2	35.6	0.4
分闸时间	38.4	38.5	38.4	0.1

2. 深度检查情况

进一步检查发现402断路器机构内部存在卡涩现象，辅助开关触点锈蚀严重，部分触点不通，测量分闸回路电阻值达0.58kΩ，判断辅助开关已损坏，如图2-6-1所示。对损坏的辅助开关进行更换后，再次进行机械特性试验，低电压试验合格。

图2-6-1　辅助开关损坏

3. 原因分析

8月20~23日，结合该变电站410、402断路器现场故障处理情况，公司组织人员对其他变电站同型号厂家的断路器进行了专项排查，发现该型号断路器存在以下共性问题：

（1）断路器机构箱密封状况较差，机构内二次元器件运行环境不佳，易受潮积污，辅助开关、接触器、传动机构等重要元器件存在不同程度的锈蚀现象。元器件锈蚀老化后导致分合闸回路接触电阻增大，分合闸线圈分压下降，通电励磁后，铁芯冲顶力度不够（冲程变小），导致无法顶开分合闸掣子，这是引起断路器拒动的主要原因。

（2）该型号断路器运行时间较长，分闸掣子与限位轴销存在正常磨损，导致分闸掣子所需脱扣力度变大，分闸线圈铁芯无法顶开分闸掣子，这是引起断路器拒动的次要原因，如图2-6-2所示。

（3）该型号断路器控制回路元器件设计选型不合理，使用的小型中间继电器节点容量不够，继电器内线圈较小，励磁作用偏小，导致节点接触不良，接触电阻偏大，引起分压，并造成分闸线圈电压下降，通电励磁后，铁芯冲顶力度不够（冲程变小），导致无法顶开分闸掣子，同时也会导致中间继电器节点烧损（如图2-6-3所示），这也是引起断路器拒动的次要原因之一。

 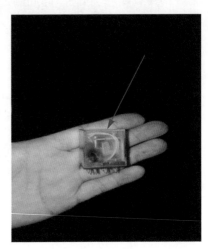

图2-6-2　分闸掣子与限位轴销存在正常磨损　　图2-6-3　烧损的分闸回路小型中间继电器

● 2.6.5　监督意见及要求

（1）对公司内现存的21台同厂家LW16-40.5型断路器开展防拒动专项排查，对除某变电站外剩余的17台同厂家LW16-40.5型断路器开展分合闸试验，检查机构运行情况，防患于未然。

（2）开展35kV及以上断路器防拒动分合闸试验。经排查，公司内三年内未动作过的35kV及以上断路器共有50台（除去冷备用及备用间隔），已开展220kV试验1台、110kV试验8台，其余断路器除年内有检修计划的，将就近全部开展一次分合闸试验。

（3）加强断路器机构箱渗水问题巡视和统计，对经常出现问题的漏水机构箱进行集中整治，并严把设备入网质量，将机构箱防水防潮性能纳入采购技术协议重点内容；加强对机构箱、端子箱内加热驱潮装置的巡视排查，出现故障及时进行处理。

（4）加强备品备件管控，一是合理储备断路器分合闸线圈、接触器、辅助开关等元器件，确保发生故障能及时进行处理；二是提升备品备件采购质量，对设备入网严格把关。

（5）加强变电站内站用变压器、站用变压器屏、直流蓄电池、直流电源屏、高压电缆、控制电缆等设备巡视检查，防火措施执行到位，确保控制电源可靠。

（6）报送储备计划，对该型号、批次的断路器进行更换。

2.7 35kV断路器分合闸脱扣机构卡涩导致线圈烧损分析

- 监督专业：电气设备性能
- 设备类别：断路器
- 发现环节：运维检修
- 问题来源：运维检修

● 2.7.1 监督依据

Q/GDW 1168—2013《输变电设备状态检修试验规程》
DL/T 393—2021《输变电设备状态检修试验规程》

● 2.7.2 违反条款

（1）依据Q/GDW 1168—2013《输变电设备状态检修试验规程》5.12.1.8规定，操动机构分、合闸电磁铁或合闸接触器端子上的最低动作电压应在操作电压额定值的30%~65%。在使用电磁机构时，合闸电磁铁线圈通流时的端电压为操作电压额定值的80%（关合峰值电流等于或大于50kA时为85%）时应可靠动作。

（2）依据DL/T 393—2021《输变电设备状态检修试验规程》5.7.1.6规定，

轴销、锁扣和机械传动部件检查时，如变形或损坏应予更换。

● 2.7.3 案例简介

2020年3月22日，在某110kV变电站，一次检修人员现场检查发现408、400断路器分闸线圈，以及410断路器合闸线圈烧损。完成烧损线圈更换后，开展低电压动作试验，断路器不动作，再次检查发现分闸线圈铁芯与分闸脱扣器传动轴之间存在偏移，从而无法分闸。合闸掣子储能到位后未搭扣上合闸脱扣器从而无法合闸。合理调整操动机构各元件之间的间隙使得断路器可以正确动作。

该断路器型号为ZN23–40.5，2005年2月出厂，自2013年来，35kV断路器已累计发生16起分合闸线圈烧损事件，其408断路器发生3起分闸线圈、1起合闸线圈烧损；400断路器发生2起分闸线圈烧损；410断路器发生3起合闸线圈烧损。

● 2.7.4 案例分析

1. 现场初步检查情况

（1）线圈电阻测量。现场用万用表对断路器线圈进行电阻测量，均为兆欧级，确定线圈均已烧损。

（2）断路器机构检查。检修人员对408、400断路器分闸线圈及410断路器合闸线圈进行了更换，并对断路器开展低电压动作试验，试验过程中发现该型号断路器电磁铁动作后，分合闸脱扣机构均未动作（转动），断路器机构存在一定程度卡涩，断路器分、合闸不可靠。进一步检查分析发现，引起分闸不可靠的原因为线圈铁芯与下方分闸脱扣器传动轴接触面积偏小，易出现顶不到位的情况；引起合闸不可靠的原因为合闸掣子在储能到位后并未搭扣上合闸脱扣器（向上）。

2. 故障原因分析

（1）直接原因：断路器脱口机构卡涩未动作，回路长时间导通，导致线圈长时间发热引起烧损，如图2-7-1所示。

(a) 408断路器分闸线圈

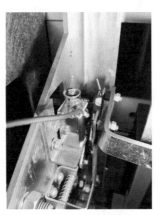
(b) 400断路器分闸线圈

(c) 410断路器合闸线圈

图2-7-1　分、合闸线圈烧损

（2）根本原因：生产厂家产品设计、零部件质量以及安装工艺均存在不足，如图2-7-2所示。断路器机构传动连接部位存在运动间隙，特别是分、合闸定位销部位磨损，并且断路器操作或保护动作后的振动易引起断路器机构内各传动部件产生微量位移，使得分合闸定位销未复归至原位置，分合闸掣子与脱口机构间产生间隙，引起分合闸脱扣转轴不动作，导致分合闸失败。

(a) 合闸掣子未搭扣上方脱扣器

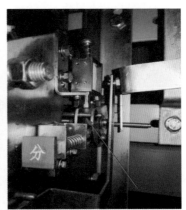
(b) 分闸脱扣器与线圈铁芯之间偏位

图2-7-2　机构检查

2.7.5 监督意见及要求

（1）开展35kV相同厂家型号断路器的隐患排查工作，结合停电集中整治。

（2）及时补充该型号断路器分合闸线圈、开关、辅助开关等二次元器件，确保故障可以及时消除。

（3）积极争取技术改造立项，更换现有的12面JYN型35kV开关柜，彻底解决该型开关柜断路器拒动、绝缘距离不足的长期隐患。

2.8 35kV断路器分合位指示灯接入控制回路导致断路器误动隐患分析

- 监督专业：电气设备性能
- 设备类别：断路器
- 发现环节：运维检修
- 问题来源：设备选型

2.8.1 监督依据

Q/GDW 1168—2013《输变电设备状态检修试验规程》

2.8.2 违反条款

依据 Q/GDW 1168—2013《输变电设备状态检修试验规程》6.14.1.2规定，外观无异常，高压引线、二次控制电缆、接地线连接正常；分合闸位置及指示正确。

2.8.3 案例简介

2020年3月5日，运检人员对某110kV变电站进行二次专业巡检工作，在检查35kV线路保护测控屏的保护装置和重要二次回路时，发现断路器分合位指示灯并接在操作箱与断路器之间的分合闸控制回路上，如图2-8-1所示。该接线方式易造成断路器误动，存在很大的安全隐患，无法保证安全可靠供电。

图2-8-1　35kV线路保护测控装置端子排接线

线路保护测控装置型号为CAS231V，2008年投运。

● **2.8.4　案例分析**

1. 故障监测情况

线路保护测控装置在断路器分合位指示灯接线时，一般接入操作插件上配置的跳位和合位无源节点。检查现场保护测控装置背板，发现其4号DOSW插件上6~8号端子可用于断路器分合位显示，如图2-8-2所示。而该站35kV间隔断路器KK控制把手上的分合位指示灯回路均没有接到这对信号节点。

进一步检查断路器分合位指示灯二次回路，红灯指示合位、绿灯指示分位、指示灯正极均接在IZD-2号端子，对地电源为+110V。绿灯负极接在IZD-6号端子，IZD-5与IZD-6短接并接入断路器107合闸回路，当断路器机构内部合闸107回路导通时，绿灯负极将获得−110V电位，分位指示灯点亮。红灯负极接在IZD-9号端子，该端子上接入了断路器的137分闸回路，当断路器机构内部分闸137回路导通时，红灯负极将获得−110kV

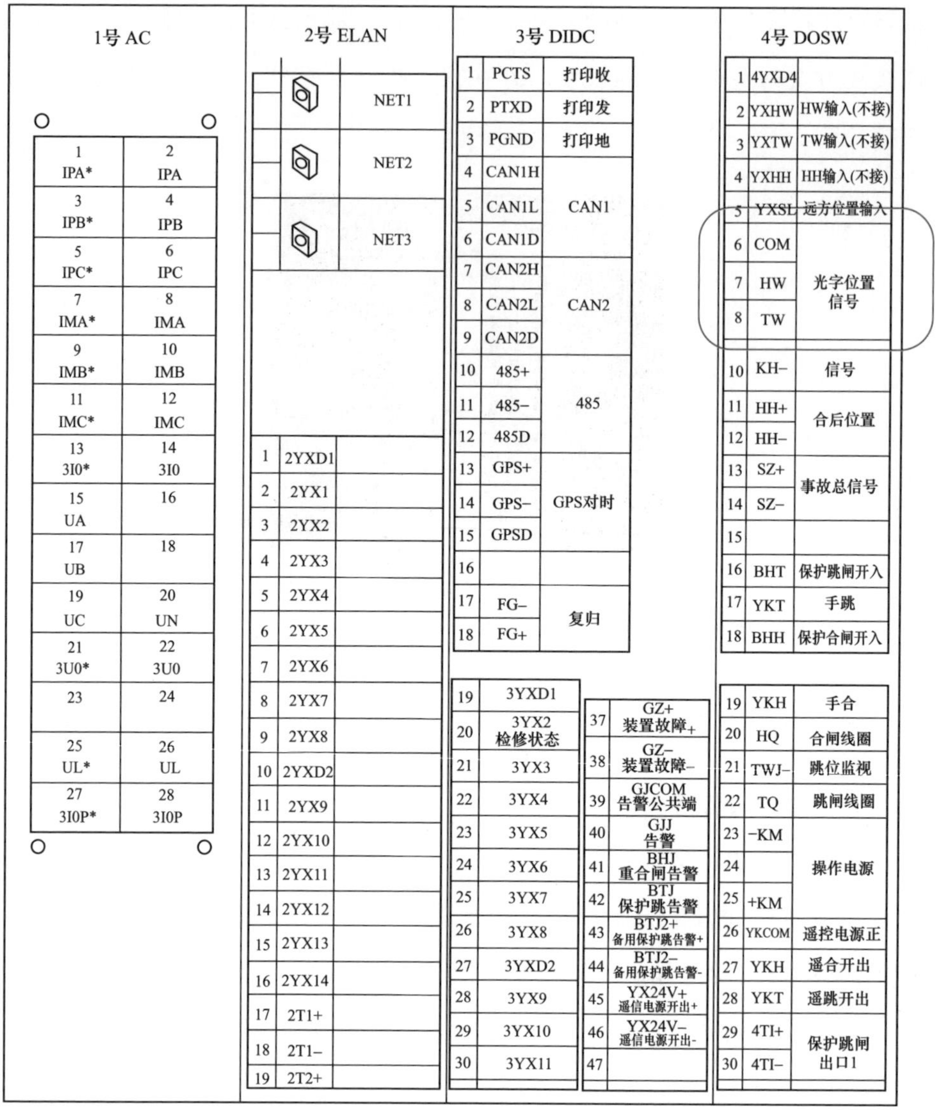

1号 AC		2号 ELAN		3号 DIDC				4号 DOSW		
1 IPA*	2 IPA		NET1	1	PCTS	打印收		1	4YXD4	
3 IPB*	4 IPB		NET2	2	PTXD	打印发		2	YXHW	HW输入(不接)
5 IPC*	6 IPC		NET3	3	PGND	打印地		3	YXTW	TW输入(不接)
7 IMA*	8 IMA			4	CAN1H			4	YXHH	HH输入(不接)
9 IMB*	10 IMB			5	CAN1L	CAN1		5	YXSL	远方位置输入
11 IMC*	12 IMC			6	CAN1D			6	COM	
13 3I0*	14 3I0	1	2YXD1	7	CAN2H			7	HW	光字位置信号
15 UA	16	2	2YX1	8	CAN2L	CAN2		8	TW	
17 UB	18	3	2YX2	9	CAN2D			10	KH–	信号
19 UC	20 UN	4	2YX3	10	485+			11	HH+	合后位置
21 3U0*	22 3U0	5	2YX4	11	485–	485		12	HH–	
23	24	6	2YX5	12	485D			13	SZ+	事故总信号
25 UL*	26 UL	7	2YX6	13	GPS+			14	SZ–	
27 3I0P*	28 3I0P	8	2YX7	14	GPS–	GPS对时		15		
		9	2YX8	15	GPSD			16	BHT	保护跳闸开入
		10	2YXD2	16				17	YKT	手跳
		11	2YX9	17	FG–	复归		18	BHH	保护合闸开入
		12	2YX10	18	FG+			19	YKH	手合
		13	2YX11	19	3YXD1	37	GZ+ 装置故障+	20	HQ	合闸线圈
		14	2YX12	20	3YX2 检修状态	38	GZ– 装置故障–	21	TWJ–	跳位监视
		15	2YX13	21	3YX3	39	GJCOM 告警公共端	22	TQ	跳闸线圈
		16	2YX14	22	3YX4	40	GJJ 告警	23	–KM	操作电源
		17	2T1+	23	3YX5	41	BHJ 重合闸告警	24		
		18	2T1–	24	3YX6	42	BTJ 保护跳告警	25	+KM	
		19	2T2+	25	3YX7	43	BTJ2+ 备用保护跳告警+	26	YKCOM	遥控电源正
				26	3YX8	44	BTJ2– 备用保护跳告警–	27	YKH	遥合开出
				27	3YXD2	45	YX24V+ 通信电源开出+	28	YKT	遥跳开出
				28	3YX9	46	YX24V– 通信电源开出–	29	4TI+	保护跳闸出口1
				29	3YX10	47		30	4TI–	
				30	3YX11					

图 2-8-2 CAS231V 线路保护测控装置背板端子图

电位，合位指示灯点亮。通过调阅 35kV 线路保护端子排图（如图 2-8-3 所示）与现场接线进行对比，发现现场接线与端子排图保持一致。因此可以判断，该断路器控制回路接线方式属于在设计和安装阶段存在的设备隐患。

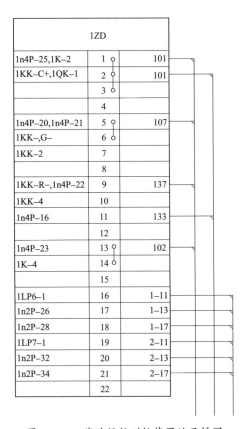

1ZD		
1n4P–25,1K–2	1	101
1KK–C+,1QK–1	2	101
	3	
	4	
1n4P–20,1n4P–21	5	107
1KK–,G–	6	
1KK–2	7	
	8	
1KK–R–,1n4P–22	9	137
1KK–4	10	
1n4P–16	11	133
	12	
1n4P–23	13	102
1K–4	14	
	15	
1LP6–1	16	1–11
1n2P–26	17	1–13
1n2P–28	18	1–17
1LP7–1	19	2–11
1n2P–32	20	2–13
1n2P–34	21	2–17
	22	

图2-8-3　线路保护测控装置端子排图

2. 故障影响分析

断路器分合位指示灯接线简图如图2-8-4所示，红灯接在断路器跳闸137回路，正常情况下指示灯电阻有数千欧，而线圈电阻只有上百欧，分压较小，不足以启动断路器分闸线圈。当操作箱开出一个分闸信号时，正电位传导到分闸线圈一端，分闸线圈励磁吸合铁芯，断路器跳闸。断路器合位指示原理及合闸过程与之类似。

当断路器运行时，该接线方式可能导致的隐患如下：

（1）若红灯内部元器件故障短路，相当于将正电位开出至跳闸线圈，使断路器发生误跳，故障消除前跳闸回路可能会一直导通，造成断路器合闸失败。

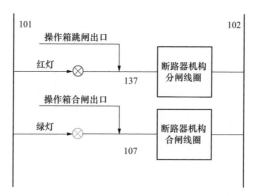

图 2-8-4　断路器分合位指示灯接线简图

（2）若绿灯内部元器件故障短路，相当于将正电位开出至合闸线圈，使断路器发生误合，故障消除前合闸回路可能会一直导通，造成断路器跳闸失败，当一次设备有短路故障时极有可能引发越级跳闸，造成大面积停电事故。

3. 处理措施

（1）取消断路器KK操作把手上的分合位指示灯，断路器分合位指示通过保护装置面板或其他状态显示器进行显示。

（2）利用停电检修机会，将断路器KK操作把手上的分合位指示灯改接至测控保护装置背板4号DOSW板光字位置信号输出触点。

● 2.8.5　监督意见及要求

（1）结合二次专业巡检加强对重点二次回路检查，特别是断路器控制回路、保护装置电流电压采样回路。

（2）建议组织对断路器分合位指示灯回路接线方式进行排查，对将断路器分合位指示灯直接接在断路器控制回路的变电站进行整改，有效消除隐患。

（3）加强设计审图，提高人员设备验收水平，熟练掌握重要二次回路的设计要求和标准，尽早发现设备缺陷和隐患，有效避免设备带病运行。

2.9 35kV断路器分闸联动装置不良导致断路器拒分分析

- 监督专业：电气设备性能
- 设备类别：断路器
- 发现环节：运维检修
- 问题来源：运维检修

2.9.1 监督依据

Q/GDW 10171—2016《SF$_6$高压断路器状态评价导则》

2.9.2 违反条款

依据Q/GDW 10171—2016《SF$_6$高压断路器状态评价导则》规定，合闸脱扣器应能在其额定电压的85%~110%范围内可靠动作；分闸脱扣器应能在其额定电源电压的65%~110%范围内可靠动作。当电源电压低至额定值的30%时不应脱扣。

2.9.3 案例简介

2019年2月6日7时，某110kV变电站蒿沙线404断路器拒动导致1号主变压器410断路器越级跳闸，检修人员到现场检查发现分闸线圈已烧毁。3月8日9时，蒿沙线404断路器再次拒动，线路对侧跳闸，410断路器此次未越级跳闸。检修人员再次赴现场检查，发现分闸线圈已烧毁。更换分闸线圈后，对断路器进行分闸动作过程观察，发现分闸联动机构卡涩及合闸保持杆转动顿挫，且联动装置尾部一根拉伸弹簧锈蚀，无法带动联动装置顶部的螺杆撞击合闸保持杆端部环形铁片，无法使合闸保持杆转动中释放分闸弹簧能量，导致开关出现拒动。

● 2.9.4 案例分析

1. 现场检查情况

某供电公司110kV变电站蒿沙线404断路器型号为LW16-40.5，2001年2月投产。2019年2月6日7时，某110kV变电站蒿沙线404断路器拒动导致1号主变压器410断路器越级跳闸，检修人员到现场检查发现分闸线圈已烧毁，合闸线圈阻值正常，现场人员对锈蚀卡涩部位加注了润滑油，对断路器进行分合试验，试验正常，远方、就地均能正常分合，并对断路器进行了特性试验，试验合格后投入运行。2019年3月8日9时，35kV蒿沙线404断路器再次拒动，线路对侧跳闸，410断路器此次未越级跳闸。检修人员再次赴现场检查，发现分闸线圈已烧毁，阻值为2Ω，合闸线圈阻值正常。现场人员再次对机构进行检查及调试。

2. 断路器机构检查情况

检修人员赶到现场后，对404断路器进行检查，经检查，404断路器外观完好，分闸线圈已烧毁，换上新的分闸线圈后进行试验时，出现了线圈动作而机构卡涩导致的断路器拒动情况，而此现象极可能是蒿沙线404断路器拒动的直接原因。

经现场分闸机构动作观察，布局图如图2-9-1所示，分闸电磁铁（动作1）并未直接作用在合闸保持杆（动作5）上，而是作用在机构侧面的一联动装置上，该装置脱扣要求的功率较小，联动装置脱扣后，带动合闸保持杆转动从而实现分闸。现场图解如图2-9-2所示，分闸时并非由动作1直接驱动动作5，而是由动作1→动作2→动作3→动作4→动作5，故直接调整线圈低电压对于整个机构而言并未起到相关作用。

现场试验时出现断路器拒动情况：只出现了动作1→动作2→动作3，此时动作4、动作5均未动作，原因初步判断为联动装置卡涩或合闸保持杆转动顿挫。而动作4、动作5均未动作极可能导致断路器拒动及分闸线圈烧毁。

图2-9-1 断路器分闸机构布局图　图2-9-2 断路器分闸时联动装置动作情况解析

继续观察发现，联动装置是靠其尾部一根拉伸弹簧拉动，带动联动装置顶部的螺杆撞击合闸保持杆端部环形铁片，从而带动合闸保持杆转动最终释放分闸弹簧能量实现分闸。但机构该处弹簧锈蚀拉力可能受影响，加上本身机构卡涩，合闸保持杆转动顿挫，故分闸线圈动作释放联动装置后，联动装置无法拉动合闸保持杆转动，所以断路器出现拒分情况。检修人员将联动装置尾部拉伸弹簧卸下，对其打油及重新拉紧，重装后现场试验二十余次，断路器均能分闸动作成功。

3. 处理情况

如图2-9-3所示。检修人员现场对404断路器烧毁的分闸线圈进行了更换，更换分闸线圈后将断路器切换至近控位置进行就地操作发现断路器仍有概率出现分闸线圈动作而分闸不成功的现象，分闸线圈一直带电导致分闸线圈烧毁断路器拒动。之后，检修人员对锈蚀卡涩部位加注了润滑油，并将分闸联动装置尾部拉伸弹簧卸下，对其打油及重新拉紧，重装后现场试验二十余次，断路器均能分闸动作成功，试验合格。

图 2-9-3　35kV 沙线 404 断路器分闸时联动装置动作情况解析

4. 原因分析

某 110kV 变电站蒿沙 404 断路器控制回路断线的直接原因为 404 断路器分闸动作不成功且分闸线圈烧毁。更换 404 断路器分闸线圈后试验时依然出现分闸线圈动作而分闸不成功的现象，原因为分闸联动机构只出现了动作 1→动作 2→动作 3，而动作 4、动作 5 均未动作。未动作的原因为联动装置卡涩及合闸保持杆转动顿挫，现场检修人员将联动装置尾部拉伸弹簧卸下，对其打油及重新拉紧，对联动装置其他转动部位进行打油，重装后现场试验二十余次，断路器均能分闸动作成功。现场进行断路器低电压动作试验，30%U_N 以下不动作试验不合格，60V 即分闸动作（要求 66V 以下不动作）。试验报告见表 2-9-1。

▼ 表 2-9-1　　　　　　　　　　　断路器检查性试验报告

某 110kV 变电站蒿沙线 404 断路器检查性试验报告			
试验日期：××××-××-××		报告日期：××××-××-××	
一、铭牌参数			
型号 　LW16-40.5	额定电压	40.5kV	额定电流 　1600A

续表

出厂序号	001819	额定开断电流	31.5kA	出厂日期	2000-03
生产厂家	××××开关厂				

二、试验数据

分合闸特性试验

	时间特性（额定操作电压下）				
	仪器名称	型号	编号	生产厂家	技术参数
试验仪器	断路器特性分析仪	DTF-2283	172	××××公司	0～10s 0～500V
试验环境	环境温度:8℃ 湿度:65%				

	分合闸线圈检查				
	仪器名称	型号	编号	生产厂家	技术参数
试验仪器	数字式万用表	VC930F+	991186501	××××	
试验环境	环境温度:8℃ 湿度:65%				
部 位	线圈电阻（Ω）				
分闸线圈	2				
合闸线圈	105.2				

	低电压动作检查				
	仪器名称	型号	编号	生产厂家	技术参数
试验仪器	断路器特性分析仪	DTF-2283	172	××××公司	0～10s 0～500V
30%U_N以下不动作		60V分闸即动作（标准66V）			
65%U_N分闸可靠动作		108V			
85%U_N～110%U_N合闸可靠动作		115V			

三、试验结论

分闸低电压动作试验不合格，60V分闸即动作（标准66V）。

现场多次对分闸线圈行程及其他联动装置进行调节，均未起到作用，因分闸联动装置启动脱扣要求的功率较小，即只要分闸顶针动作，分闸联动装置立即启动脱扣。而分闸联动装置中动作4、动作5要求的功率却很大，只有能量满足要求才能顺利带动合闸保持杆转动实现分闸。这就是现场出现了动作1→动作2→动作3顺利动作，而动作4、动作5均未动作的原因。

● **2.9.5 监督意见及要求**

（1）某开关厂1994～2005年间生产的LW16-40.5型断路器机构运行时间过长，存在多处卡涩，经常出现故障。需加强对所辖46台同厂、同型号断路器的运维巡视工作，对于某变电站现存2台断路器列入2019年4月月计划进行修理，其余断路器结合停电计划尽早进行修理。

（2）某变电站蒿沙线404断路器对侧为沙河口电排，距离某110kV变电站仅2.4km。此次故障由于沙河口电排侧断路器顺利动作才未继续发生越级跳410断路器事故，要求该电排继续加强设备维护，避免频繁出现跳闸事故，保障设备安全。

（3）因现场实际情况是分闸电磁铁动作释放联动装置后，联动装置无法顺利完成动作释放合闸保持杆。30%的低电压不动作是为防止断路器因扰动误分，且现场实际安装的分闸线圈不一定为匹配线圈（动作值低）。建议向厂家咨询或检查原装线圈规格，重新购买线圈后更换。

（4）变电运维管理人员加强设备运行环境治理，加强对设备机构内箱的驱潮装置巡视检修，加强对机构箱密封性的检查，发现问题及时处理，防止机构锈蚀导致的故障发生。

3 隔离开关技术监督典型案例

3.1 220kV隔离开关分闸卡涩故障分析

- 监督专业：电气设备性能
- 设备类别：隔离开关
- 发现环节：运维检修
- 问题来源：运维检修

● 3.1.1 监督依据

Q/GDW 1168—2013《输变电设备状态检修试验规程》

《电网设备诊断分析及检修决策》

《隔离开关检修规程》

● 3.1.2 违反条款

（1）依据Q/GDW 1168—2013《输变电设备状态检修试验规程》5.13.1.4 例行检查规定，就地和远方各进行2次操作，检查传动部件是否灵活。

（2）依据《电网设备诊断分析及检修决策》第3篇隔离开关和接地开关诊断分析及检修决策中7.2规定，本体传动部件分闸不到位，断口净距离满足要求需要停电处理时，应适时开展B类检修，查明分闸不到位原因并处理。

（3）依据《隔离开关检修规程》6.4.1.5工艺要求，在手动分合闸操作时，动触头应动作灵活，无卡涩。

● 3.1.3 案例简介

2021年3月11日，在对某220kV变电站220kVⅠ、Ⅱ母及所属间隔进行停电检修时，发现6101、6102隔离开关分闸存在严重卡涩，三相基本均为拒分，之后是人工手动实现分闸，现场A、B、C三相动触片未完全张开，如图3-1-1所示。

(a) 动触片完全未张开　　　　(b) 动触片人工手动分闸

图3-1-1　分闸状态下6101、6102隔离开关动触片情况

在220kVⅠ、Ⅱ母及所属间隔检修停电过程中当日，陆陆续续发现220kVⅠ母6×14隔离开关、Ⅱ母6×24隔离开关、柏蒋线6061、6062隔离开关三相及母联6001隔离开关均存在分闸卡涩问题。

经过核查，6101、6102隔离开关与6×14、6×24、6061、6062隔离开关三相及母联6001隔离开关均为同一型号、同一厂家、同年出厂设备，如表3-1-1所示。

▼ 表3-1-1　　　　　　　　　　隔离开关出厂铭牌信息

设备双重名称	投运日期	型号	出厂日期
220kV柏蒋线6061隔离开关	2010-09-15	GW10A-252DW	2010-01
220kV柏蒋线6062隔离开关	2010-09-15	GW10A-252DW	2010-01
220kVⅠ母6×14隔离开关	2010-09-15	GW10A-252DW	2010-01
220kVⅡ母6×24隔离开关	2010-09-15	GW10A-252DW	2010-01
220kV母联6001隔离开关	2010-09-15	GW10A-252DW	2010-01

● 3.1.4 案例分析

1.缺陷原因

针对该隔离开关动触片存在分闸卡涩的缺陷，检修人员现场对该隔离开关上节导电臂整体进行了解体分析，并手动进行了分闸模拟实验，从该型号隔离开关上导电臂结构进行逐一分析，认为导致该缺陷的可能原因如下：

（1）该隔离开关动触片、动触片连接座、导电杆连接板直接接触面发生了电化学腐蚀，导致转动连杆部位卡涩，如图3-1-2所示。

（2）该隔离开关上拉杆与导电臂滑动部位卡涩、复位弹簧锈蚀、疲劳失效，如图3-1-3所示。

图3-1-2 动触片转动连杆部位 　　　图3-1-3 导电杆的复位弹簧

（3）该隔离开关触指机构转动部位轴销、卡销锈蚀卡涩，如图3-1-4所示，结构示意图如图3-1-5所示。

（4）该隔离开关上拉杆螺栓孔锈蚀卡涩导致复位弹簧拉不动，如图3-1-6所示。

图 3-1-4 转动部位轴销、卡销

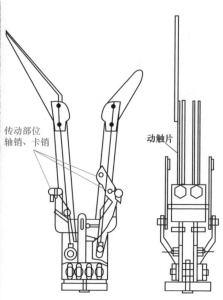

图 3-1-5 GW10A-252 隔离开关结构

图 3-1-6 拉杆螺栓孔锈蚀

2.现场检查

检修人员对该隔离开关上导电臂及其触指部分分别进行了拆解、检查。

（1）先对该隔离开关上导电杆连接板进行拆解，发现动触片、动触片连接座、导电杆连接板直接接触面电化学腐蚀非常严重，由于动触片连接座是铝合金材质，而动触片、导电杆连接板是铜材质，不同金属直接连接在高压大电流时分流导致电化学腐蚀。随后进行手动分闸，发现很轻松地实现了分闸，再回装螺栓后发现手动分不开，说明存在设计缺陷，在动触片、动触片连接座、导电杆连接板之间未加装绝缘树脂以实现隔流作用，再对比新的导电臂，发现加装了绝缘树脂，能实现分流，且通过软铜带连接导电杆，如图3-1-7所示。

(a) 有绝缘树脂　　　　　　　　　　　　(b) 无绝缘树脂

图3-1-7　新旧导电臂触指对比

（2）对该隔离开关上导电臂进行拆解，并检查导电臂内复位拉杆及其弹簧，发现上导电臂内部清洁、润滑及动作良好，复位弹簧无变形、锈蚀，尺寸正常。

（3）对触指传动部位进行检查，发现隔离开关三相动触片动作机构轴销卡簧为普通弹簧钢材质，已经严重锈蚀，部分卡簧已锈蚀至完全掉落，检修过程中出现轴销已经部分滑出的情况，如图3-1-8所示。

（4）检修人员对触指部分一一拆解后，发现上拉杆螺栓孔锈蚀非常严重，里面很多金属碎屑，导致动触片转动时卡涩复位弹簧拉不动，从而出现分闸拒分现象。

可以确定，该隔离开关分闸卡涩故障主要原因是该隔离开关动触片、动触片连接座、导电杆连接板直接接触面发生了电化学腐蚀，导致转动连杆部位卡涩，上拉杆螺栓孔锈蚀卡涩导致复位弹簧拉不动；次要原因是隔离开关触指机构转动部位轴销、卡簧不同程度锈蚀卡涩。

图 3-1-8　隔离开关触指轴销、卡簧锈蚀

3. 结论

综合分析以上因素，对本次 GW10A-252 型隔离开关分闸卡涩故障进行总结，主要有以下几点：

（1）该隔离开关触指部位为典型的四连杆机构，存在设计缺陷，在动触片、动触片连接座、导电杆连接板之间未加装绝缘树脂，不同金属直接连接易发生电化学腐蚀，导致转动连杆部位卡涩，长年累月在触指机构转动部位缺乏润滑或者锈蚀的情况下，复位拉杆无法自主复位，导致隔离开关分闸卡涩。

（2）触指转动部位轴销卡簧为普通弹簧钢材质，受环境腐蚀严重，部分卡簧已经完全锈蚀破损，检修人员在拆解过程中，卡簧残渣掉落，轴销部分即将自动脱出，可能导致分闸拒分。

（3）触指拉杆螺栓材质不满足抗腐蚀要求，风吹日晒累积效应导致锈蚀严重，螺栓孔里面金属碎屑积累越多，动触片转动时卡涩基本不动作，复位弹簧拉不动。

● **3.1.5　监督意见及要求**

（1）针对 GW10A-252 型隔离开关暴露出的问题，公司立即组织运维人员对该型号隔离开关进行全面排查，发现该批次隔离开关存在设计缺陷，在动触片、动触片连接座、导电杆连接板之间未加装绝缘树脂。运检部要求结合例行试验、检修更换该型号隔离开关导电臂，从根本上解决分闸卡涩问题。

（2）加强物资到货验收，严把金属质量检测关，尤其是对小部件起到关键作用的螺栓、轴销、卡销等材质检测。

3.2 220kV隔离开关导电部分支撑拐臂断裂原因分析

- 监督专业：电气设备性能
- 设备类别：隔离开关
- 发现环节：运维检修
- 问题来源：设备制造

3.2.1 监督依据

Q/GDW 11717—2017《电网设备金属技术监督导则》

3.2.2 违反条款

依据Q/GDW 11717—2017《电网设备金属技术监督导则》4.3.2规定，碳钢部件宜采用热浸镀锌，镀锌层厚度应符合表1的规定（当镀件公称厚度大于等于5mm时，镀锌层平均厚度不低于86μm）。也可采用不低于热浸镀锌的可靠防腐工艺。不能满足防腐要求的，应更换为不锈钢、铝合金等耐蚀材料，或采用锌铝合金镀层、铝锌合金镀层等耐蚀性更好的镀层。

3.2.3 案例简介

某220kV变电站2号主变压器6201隔离开关为1989年生产的GW6型隔离开关。2021年4月28日8时24分，运维人员在进行将220kV Ⅰ母线负荷倒至Ⅱ母线操作过程中，当进行6201隔离开关合闸操作时，6201隔离开关导电部分支撑小拐臂上部断裂，合闸不成功，故障如图3-2-1所示。

(a) 远观图　　　　　　　　(b) 近观图

图 3-2-1　6201 隔离开关导电部分支撑小拐臂上部断裂图

● 3.2.4 案例分析

1. 原理和结构说明

GW6 型隔离开关由三个单极组成，每极由底座、绝缘支柱、传动机构、导电闸刀、开关动触头、静触头等组成，其中导电闸刀由上管、下管和活动肘节组成。

工作原理：以合闸过程为例，首先通过操作绝缘子的转臂施加力给弹性装置，再由弹性装置传递给左转动臂，左转动臂通过转轴带动反向连杆，反向连杆再将力传动给右转动臂，从而使左、右转动臂同时向中间合拢，再经过上面的活动肘节、连接管，使动、静触头相接触完成合闸。合闸结束，操作绝缘子上的转臂被挡块限位。

弹性装置的作用是隔离开关合闸后，使动、静触头接触压力保持一定的数值；平衡弹簧的作用是抵消闸刀重力所产生的合闸阻力，使操作轻便。分闸过程即为合闸过程的逆过程，其传动原理是一样的。

2. 原因分析

9 时 30 分，检修人员赶往现场，拆除断裂的支撑小拐臂，如图 3-2-2 所示。对拆下的支撑小拐臂进行查看，发现有轴销孔的上端头与拐臂身相连的

图 3-2-2　拐臂上端部锈断

部位锈断。

　　由图 3-2-2 可以看出，除了连接部位锈蚀，拐臂身也锈蚀严重。将锈蚀的支撑小拐臂送往电科院进行材质检测，检测结果显示碳的含量为 0.0456%、锰的含量为 0.45%、硅的含量为 0.30%，判断为碳钢，不是不锈钢，易锈蚀。然后对其构造进行检查分析，发现接触部位是空心的，如图 3-2-3 所示，但是中间部位是实心的，如图 3-2-4 所示。由图 3-2-3 和图 3-2-4 分析可知，雨水通过上端连接部位圆孔进入拐臂身连杆，导致连杆内部常年积水。加之该型号隔离开关已运行 30 多年，综上三种原因，支撑小拐臂锈蚀断裂。

图 3-2-3　支撑小拐臂上端

图 3-2-4　支撑小拐臂中间实心部位

3. 处理结果

更换新的支撑小拐臂，手动和电动均分合正常，如图3-2-5所示。

图3-2-5　6201隔离开关故障处理后合位

3.2.5 监督意见及要求

（1）提高出厂验收标准和要求，从严验收，明确要求厂家进行隔离开关材质检测，并有材质检测报告，并确保其满足标准要求。对隔离开关的结构、工作原理进行熟悉，并结合安装变电站的环境、气候进行分析，确保隔离开关能适应安装变电站的环境、气候的要求。

（2）出厂验收人员要熟悉相关的验收标准、规程、规范，严格按标准、规程、规范进行验收，发现问题及时让厂家整改到位。

（3）提高应急处置能力，加快应急响应速度，完善应急制度，确保事故处置及时，预警和故障监测到位，从而保障供电可靠性，确保电网设备安全稳定运行。

（4）加强巡视及红外测温，随时掌握设备运行状态，发现异常及时进行处理，做到缺陷早发现、早处理。

（5）发现同一厂家的共性问题可列为家族性缺陷。

（6）将此变电站该型号的隔离开关列入大修技改计划，及时进行更换。

（7）提高例行检修质量，做到缺陷早预防。

3.3 110kV隔离开关发热烧损故障分析

- 监督专业：设备电气性能
- 设备类别：隔离开关
- 发现环节：运维检修
- 问题来源：运维检修

3.3.1 监督依据

DL/T 664—2008《带电设备红外诊断应用规范》

Q/GDW 1168—2013《输变电设备状态检修试验规程》

《电网设备诊断分析及检修决策》

3.3.2 违反条款

（1）依据DL/T 664—2008《带电设备红外诊断应用规范》表A.1规定，金属部件与金属部件的连接部位热点温度高于90℃或相对温差$\sigma \geq 80\%$判断为严重缺陷。热点温度高于130℃或相对温差$\sigma \geq 95\%$判断为危急缺陷。

（2）依据Q/GDW 1168—2013《输变电设备状态检修试验规程》5.13.1.4规定，检查隔离开关动、静触头的损伤、烧损和脏污情况，情况严重时应予更换。

（3）依据《电网设备诊断分析及检修决策》第3篇7.2隔离开关部件的状态量诊断分析及检修决策规定，隔离开关导电回路的触头烧蚀大于1mm时，应立即进行B类检修，更换触头。

3.3.3 案例简介

2017年1月13日，检修人员接到运维人员通知，某220kV变电站110kV

1号主变压器5103、5101、女沙线5143、女黄蚂线5083隔离开关触头部位发热严重，属危急缺陷。检修人员立即赶往现场进行处理，解体检查发现，触指压力弹簧锈蚀、老化，触指与触指固定座接触压力不足，长时间运行后两者接触面腐蚀，导致接触不良而发热，过热加剧了触指压力弹簧的失效速度。同时，该批次隔离开关的触指与触指固定座接触主要靠弹簧压力来保证，在结构设计上存在缺陷。更换隔离开关导电臂后，红外测温无异常。

3.3.4 案例分析

1. 红外测温

运维人员在对该变电站一次设备开展红外测温时，发现110kV 1号主变压器5103、5101、女沙线5143、女黄蚂线5083隔离开关红外测温异常，且部分触头表面存在明显的过热迹象，部分隔离开关三相温度如表3-3-1所示。

▼ 表3-3-1　　　　　1号主变压器5101、5103隔离开关三相温度　　　　　　℃

隔离开关编号	A相	B相	C相
5101	8.6	8.6	116
5103	8.2	60	166

2. 解体分析

通过对替换出来的隔离开关触头进行拆解分析发现：

（1）隔离开关的触指防雨罩固定螺栓存在过热及烧损现象，如图3-3-1所示。

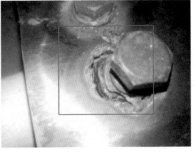

图3-3-1　1号主变压器5103隔离开关防雨罩固定螺栓烧损

如图3-3-1所示，防雨罩固定螺栓部位存在通过负荷电流的情况，否则不会出现不锈钢防雨罩安装孔四周烧穿的现象。

（2）触指与导电杆接触部位存在烧蚀痕迹，且导电杆触指固定块与触指接触部位腐蚀严重，与触指片接触不良。

如图3-3-2和图3-3-3所示，触指片固定座与触指片接触部位存在明显的腐蚀现象，接触部位烧蚀严重，触指片与触指固定座接触面积不足、接触缝隙过大。在隔离开关合闸后，触头撑开触指片，导致触指片与触指固定座接触近似线接触，而非面接触，这将直接导致触指固定座与触指片接触面积不足，致使触指固定座烧损，同时导致电流经触指片与触指支撑片接触部位流通，触指支撑片同时烧损。

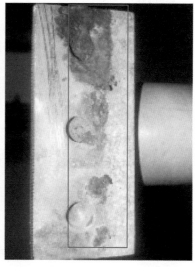

图3-3-2　5083、5143隔离开关触指固定座接触面腐蚀、烧损

（3）触指压力弹簧锈蚀严重，部分压力弹簧过火后完全失去作用。

如图3-3-4和图3-3-5所示，触指片与触指固定座接触不良导致严重发热，从而引起触指压力弹簧过热失效，弹簧已无空间可压缩，而压力弹簧的失效将进一步加大触指片与触指固定座的接触电阻，两者互相促进。

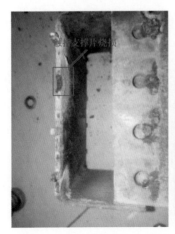

图3-3-3　5103隔离开关触指片固定座接触面腐蚀、烧损

图3-3-4　触指压力弹簧锈蚀　图3-3-5　触指压力弹簧过火失效

如图3-3-6所示，触指弹簧表面采用了镀锌防腐工艺。《国网湖南电力公司变电专业金属全过程技术监督管理措施（2016版）》第三条第6点要求，隔离开关的合金钢弹簧应采用磷化电泳工艺防腐，耐受中性盐雾试验不低于480h，可知触指弹簧采用的镀锌防腐工艺明显不符合该文件要求。

（4）对触指进行检查时发现，那些失效的压力弹簧所作用的触指片过火、烧损严重，如图3-3-7所示。

图 3-3-6　触指弹簧材质分析

图 3-3-7　部分触指片过火、烧损

3.总结

综合分析以上因素，对本次 110kV 外压式隔离开关发热烧损缺陷进行了总结，主要有以下两点：

（1）触指压力弹簧锈蚀、老化，触指与触指固定座接触压力不足，导致发热。

（2）触指与触指固定座接触面接触不良，长时间运行后，两者接触面腐蚀，接触电阻增大导致发热，而此处发热同时加剧触指压力弹簧过热失效。

从以上问题可见，该 110kV 隔离开关隔触指压力弹簧防腐工艺不到位，压力失效较快。同时触指与触指固定座接触主要靠弹簧压力来保证，在结构设计上存在缺陷。

3.3.5 监督意见及要求

（1）及时掌握物资到货信息，加强质量监督人员与配送人员信息沟通，确保第一时间掌握抽检物资的到货情况以便及时开展抽检工作，提高物资抽检工作效率和质量。

（2）建议在今后的35kV及110kV隔离开关招标技术协议书中，要求隔离开关采用外压板簧型结构或自力型结构，而非在内拉式隔离开关基础上改进的外压式螺旋弹簧结构。

3.4 110kV三工位隔离开关螺栓松动导致主回路电阻值超标分析

- 监督专业：电气设备性能
- 设备类别：隔离开关
- 发现环节：运维检修
- 问题来源：运维检修

3.4.1 监督依据

Q/GDW 1168—2013《输变电设备状态检修试验规程》

3.4.2 违反条款

依据Q/GDW 1168—2013《输变电设备状态检修试验规程》规定，主回路电阻值小于等于制造商规定值（注意值）。

3.4.3 案例简介

2020年5月30日，检修单位对某220kV变电站110kV GIS母线联络500间隔进行例行停电试验。通过试验发现该间隔B相回路电阻超出其余两相200多微欧。对该间隔进行了开盖检查、检修，发现B相GR三工位隔离开关靠母线侧的绝缘覆盆子底座螺栓松动，紧固后各项试验数据满足厂家技术要求并投入运行。

● 3.4.4 案例分析

1. 现场检查情况

2020年5月，检修人员对某220kV变电站110kV GIS母线联络500间隔进行了例行检查与试验。在对GIS母线联络500间隔进行断路器回路电阻测试中，发现B相回路电阻超出其余两相200多微欧，三相主回路电阻值分别为A相134.8μΩ、B相336.3μΩ、C相135.8μΩ，B相与A相电阻差值达到201.5μΩ，一次接线图如图3-4-1所示。

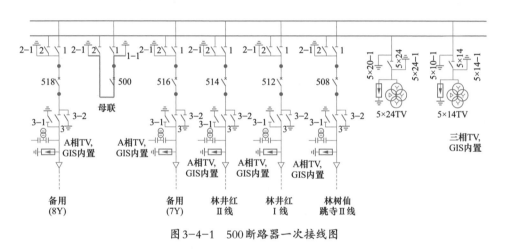

图3-4-1 500断路器一次接线图

初步猜测影响回路电阻原因如下：

（1）三工位隔离开关未开合到位。

（2）三工位隔离开关动触头松动。

（3）断路器内部拉杆存在松动。

（4）GIS内各部位连接点松动。

2. 排查情况

（1）机械结构检查：将三工位隔离开关机械部位进行清洁，再补油润滑，试验数据基本一致，排除隔离开关三工位分合不到位影响。

（2）排除三工位隔离开关动触头松动影响：为排查缺陷具体部位，通过不同部位回路电阻测试，试验结果如表3-4-1所示。

▼ 表3-4-1　　　　　　　　　从不同部位测试回路电阻结果

测量部位	包含部位	试验数据			结论
5002-1至5142-1	5002-1、500、5001、110kV Ⅰ母、5141、5142-1	A相	B相	C相	5001-1接地开关正常
		215.5μΩ	524μΩ	209μΩ	
		B相与A相差值达到308.5μΩ			
5001-1至5143-2	5001-1、500、5002、110kV Ⅱ母、5141、51、5143-2	A相	B相	C相	5002-1接地开关正常
		303μΩ	770μΩ	313μΩ	
		B相与A相差值达到467μΩ			
5×20-1至5×10-1	5×10-1、110kV Ⅰ母、5001、500、5002、110kVⅡ母、5×20-1	A相	B相	C相	5001-1、5002-1接地开关正常
		407μΩ	809μΩ	481μΩ	
		B相与A相差值达到402μΩ			
5×10-1至5×20-1	5×10-1、5161、110kVⅠ母、5162、5×20-1、110kV Ⅱ母	A相	B相	C相	5×10-1、5×20-1接地开关正常
		324.1μΩ	313.9μΩ	315.6μΩ	
		B相与A相差值达到-10.2μΩ			

根据数据可知，5×10-1、5×20-1接地开关动静触头三相接触情况一致。其他试验均反映B相回路电阻较其他两相偏大，测试结果接地开关接触良好，但试验不能排除三工位隔离开关与500 TA连接点接触是否正常。

确保试验结果正确，试验人员对包括感应电压在内的多种干扰因素进行了分析排除。先后使用两部不同的回路直流电阻仪进行测试，结果较为一致：500间隔B相回路电阻阻值相较其余两相均偏大。

（3）厂家对断路器下盖板进行开盖检查，经检查无问题，排除断路器内部拉杆松动的影响。

（4）打开母线侧盖板，开盖检查后发现B相GR三工位隔离开关靠母线侧的绝缘覆盆子底座螺栓松动导致直阻偏大，紧固螺栓后如图3-4-2所示，然后对500间隔进行复测，三相主回路电阻值分别为A相138.4μΩ、B相134.2μΩ、C相126.9μΩ，B相与A相差值为-4.2μΩ。试验合格。

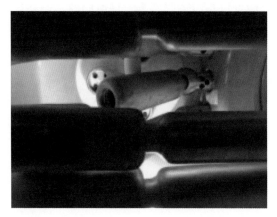

图3-4-2　GR三工位隔离开关紧固螺栓后照片

● 3.4.5　监督意见及要求

（1）密切关注断路器回路电阻试验，对数据进行严格把关。

（2）停电检修同厂同型GIS设备，着重关注回路电阻数据，缩短排查问题时间。

3.5　110kV隔离开关质量问题导致导电部分发热隐患分析

● 监督专业：电气设备性能　　● 设备类别：隔离开关

● 发现环节：运维检修　　　　● 问题来源：设备制造

● 3.5.1　监督依据

《国家电网有限公司十八项电网重大反事故措施》

3.5.2 违反条款

依据《国家电网有限公司十八项电网重大反事故措施》12.3.1.2规定，隔离开关主触头镀银层厚度不应小于20μm，硬度不小于120HV，并开展镀层结合抽检。出厂试验应进行金属镀层检测。导电回路不同金属接触应采取镀银、搪锡等有效过渡措施。

3.5.3 案例简介

某变电站5001、5021隔离开关型号为GW4/5-126。

2019年6月，变电检修班在某110kV变电站进行检修时，发现110kV母线联络5001、5023隔离开关接线装配座及其与导电杆连接处接触电阻过大，通过紧固螺栓无法解决，于是将接线装配座解体检修。发现该产品导电回路在材料选用、加工工艺方面存在明显缺陷，易发生电化学腐蚀导致发热缺陷，甚至部分产品导电杆也为铝合金材质。

近几年检修、消缺时更换了一部分导电杆，但是其接线装配座内部电化学腐蚀发热问题应当引起重视。

3.5.4 案例分析

1. 现场检查情况

2019年6月，变电检修班在某110kV变电站进行检修时，发现110kV母线联络5001、5023隔离开关接线装配座及其与导电杆连接处接触电阻过大，通过紧固螺栓无法解决，于是将接线装配座解体检修。

通过解体检修发现其内部导电棒—软连接、软连接—接线装配座及接线装配座—导电杆之间为铜铝直接搭接，接触面发生了较为严重的电化学腐蚀（已出现一层粉末状生成物），导致了接触电阻的增大。具体情况如图3-5-1所示。

(a)软连接铜表面搪锡　　　　　　　(b)软连接铝表面搪锡

(c)导电杆与接线座表面电化学腐蚀严重　　(d)导电杆表面电化学腐蚀严重

图 3-5-1　隔离开关解体组图

2. 处理方案

（1）可以通过对产品进行改造，腐蚀的接触面进行打磨，更换铝合金导电杆为铜导电杆，接线装配座内铜铝搭接面加装铜铝过渡片的方式进行处理。此方案中，导电杆与接线装配座接触面为圆弧面，铜铝过渡片加工困难。经过现场勘察与会议讨论，决定不采用。

（2）检修人员采取对导电回路进行整体更换的方式，更换后进行试验，试验结果如表 3-5-1 所示。

▼ 表 3-5-1　　　　　　　　　　导电回路试验结果

温度	24℃	湿度	62%
相别	A相	B相	C相
电阻（μΩ）	73	75	71

试验结果合格，投运后无异常。

（3）对于该变电站内及片区内同厂家同类型隔离开关进行排查并处理：①已更换导电杆的只需更换装配座；②未更换导电杆的进行整体更换。

未更换导电杆的设备可以选用近几年来产品改型后的导电部分，其主要特点为结构简单、接触面小、成本低、设备更可靠。对于整体更换的导电杆、接线装配座严格按照金属技术监督的规定进行选材、装配，备件入库严格把关。

● 3.5.5 监督意见及要求

（1）目前此类问题引起发热的情况发生较少，但是随着设备运行时间的增加，其电化学腐蚀必定会愈加严重，势必会造成发热缺陷。因此，应对未进行改造设备的红外测温工作加以重视。

（2）在平时维护及巡检中除了对触头接触部位进行测温外，还应关注接线装配座内部及导电杆与接线装配座接头处温度的异常。

组合电器技术监督典型案例

4.1 220kV GIS断路器气室局部放电异常分析

- 监督专业：电气设备性能
- 监督手段：带电检测
- 发现环节：运维检修
- 问题来源：运维检修

4.1.1 监督依据

Q/GDW 1168—2013《输变电设备状态检修试验规程》

4.1.2 违反条款

依据Q/GDW 1168—2013《输变电设备状态检修试验规程》5.9.1.6规定，超声波局部放电无异常放电。

4.1.3 案例简介

2021年5月，试验人员对某220kV变电站220kV高压室进行GIS设备局部放电测试巡检工作，使用EA局部放电测试仪测得220kV宗桩Ⅲ线614断路器A相气室、Ⅰ母6×14A段B相TV气室GIS局部放电测试异常，其中220kV宗桩Ⅲ线614断路器A相气室中部位置幅值最大达26dB，Ⅰ母6×14A段B相TV气室靠下部位置幅值最大达22dB。之后试验人员使用PDS-T95局部放电测试仪对该高压室异常GIS进行跟踪复测，220kV宗桩Ⅲ线614断路器A相气室接触式超声波异常,特高频无异常信号。其中接触式超声最大幅值区域为气室底部靠中间位置,最大幅值15dB,根据超声图谱分析以及结合新投运设备SF_6气体成分存在轻微含量SO_2故障气体而无H_2S气体,初步推断A相气室存在低能量电晕放电。

2021年6月,试验人员配合厂家对220kV宗桩Ⅲ线614断路器气室进行开盖检查,发现断路器壳体底部存在电弧分解物,动主触头与静触头之间存在电弧烧蚀痕迹,现场分析为断路器开断过程形成的现象,超声波局部放电异常原因为断路器壳体内电弧分解物,随即厂家对气室壳体进行清理工作后抽真空补气静置24h后,SF_6气体试验合格,耐压局部放电正常。

该GIS型号为ZF28-252,2020年5月出厂。

● 4.1.4 案例分析

1. 带电检测

2021年5月8日,使用EA局部放电测试仪进行测试,检测情况如下:宗桩Ⅲ线614断路器A相气室中部位置幅值最大达26dB,戴上耳机可以听到明显放电声,具体数据结果如图4-1-1所示,Ⅰ母6×14A段B相TV气室靠下部位置幅值最大达22dB,具体数据如图4-1-2所示(红外测温正常,超声波背景5dB)。

图4-1-1 614断路器A相气室接触式超声波幅值分布情况

图4-1-2 614断路器A相气室接触式超声波幅值分布情况

由于EA局部放电测试仪针对GIS检测手段单一，需进一步进行确认气室内局部放电情况，试验人员于2021年5月9日使用PDS-T95局部放电测试仪（四合一），对高压室GIS异常气室进行复测，检测情况如下：

宗桩Ⅲ线614断路器A相气室接触式超声波异常，特高频无异常信号。614断路器A相气室幅值图谱、相位图谱、波形图谱、特高频图谱分别如图4-1-3～图4-1-6所示。

图4-1-3 接触式超声幅值图谱

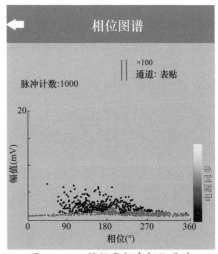

图4-1-4 接触式超声相位图谱

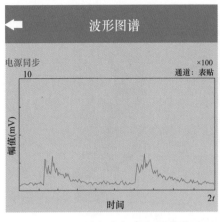

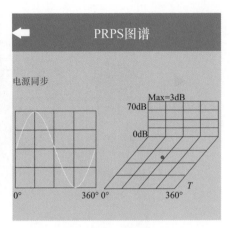

图 4-1-5　接触式超声波形图谱　　　　　图 4-1-6　特高频图谱

现场排除干扰（槽钢构架、空气、二次布线槽等测试无放电信号）后测得图谱情况分析宗桩Ⅲ线614断路器A相气室接触式超声最大幅值区域为气室底部靠中间位置，信号最大幅值15dB，频率50Hz相关性强，相位图谱1簇信号无相位相关性，每个周期都有，波形图谱一周期一簇，幅值分布宽，结合特高频无异常信号判断放电类型为电晕放电。

为进一步确认GIS气室情况，试验人员进行了SF_6化学分析，具体情况如表4-1-1所示。

▼ 表4-1-1　　　　　　　　　气室内SF_6气体成分组成

614断路器气室	SO_2（μL/L）	H_2S（μL/L）	CO（μL/L）
A相	0.2	0	0.6
B相	0	0	0
C相	0	0	0

从表4-1-1中气室内SF_6气体成分组成可以看到614断路器A相气室存在少量SO_2故障特征气体（≤1μL/L），同时无H_2S气体，结合线路最近A相频繁分合闸，SO_2产生原因为断路器切断短路电流时，巨大的电弧能量使得SF_6分解。

综合带电检测结果分析为 220kV 宗桩Ⅲ线 614 断路器 A 相气室存在超声异常放电信号，结合新设备投运 SF₆ 气体成分存在轻微含量 SO₂ 故障气体而无 H₂S 气体，初步判断气室底部靠中间位置低能量电晕放电，可能为壳体内表面毛刺引起的。

2. 开盖检查

经与厂家协调沟通，要求厂家安排人员对 220kV 宗桩Ⅲ线 614 断路器 A 相气室进行回收 SF₆ 气体进行开盖检查，发现断路器气室壳体底部存在电弧分解物，如图 4-1-7 所示；动主触头与静触头之间存在电弧烧蚀痕迹，如图 4-1-8 所示。

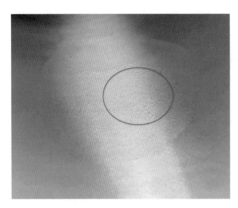

图 4-1-7　壳体底部电弧分解物　　　图 4-1-8　动主触头与静触头烧蚀痕迹

查阅宗桩Ⅲ线 614 断路器分合闸情况，该断路器于 4 月 24 日当天重合闸投切三次，故障距离 20km 以上，说明短路故障电流约为额定短路电流的 5%~10%，结合现场断路器气室开盖检查情况，断路器气室内超声局部放电异常分析如下：

（1）电弧分解物为断路器频繁关合短路电流过程中，电弧等离子体会分解灭弧室的聚四氟乙烯喷口，开断后这些物质会以较少灰白色的粉尘的形式落到断路器壳体底部，如图 4-1-7 所示。根据国内文献检测结果发现，这些粉尘以 C 和 F 元素为主，还含有一定的 Cu 元素。这些粉尘可能会导致产生颗粒放电。

（2）动主触头与静触头烧蚀痕迹为当时断路器重合闸连续投切3次、关合短路电流引起，即重合闸投切合在故障上，短路电流从弧触头转移到静侧主触头上去，瞬间会有一个电压导致主触头之间预击穿，从而于静侧主触头处产生轻微烧蚀点，结合当时断路器关合故障电流仅为额定短路电流的5%~10%与现场检查气室内情况，即断路器关合短路电流时，静侧主触头处轻微烧蚀产生的毛刺等，可能会导致电晕放电产生。另外，根据国内以往SF$_6$断路器关合较大短路电流，会出现打火烧蚀喷溅情况。图4-1-9所示为国内某站SF$_6$断路器经历10次45kA的开断后，主触头打火喷溅的情况；而实际现场断路器其室内主触头情况如图4-1-8所示，静侧主触头轻微烧蚀，所以从SF$_6$断路器实际应用情况来看，在整个运行周期中，开断能力没问题，其短路试验的时候，打火烧蚀比图4-1-8的烧蚀情况严重10倍以上，但是仍然不影响断路器的关合、开断及绝缘性能。

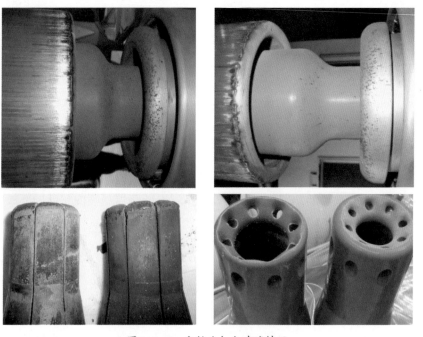

图4-1-9　主触头打火喷溅情况

现场专家与厂家综合研究220kV宗桩Ⅲ线614断路器气室超声波局部放电异常为断路器关合短路电流时，喷口处产生的灰白色粉尘与静侧主触头烧蚀综合作用的结果，即为颗粒与电晕混合型放电导致的断路器气室超声波局部放电异常。

3. 处理方案

根据公司专家与厂家综合评审商定，220kV宗桩Ⅲ线614断路器气室后续处理如下：

（1）清理断路器壳体表面电弧分解物，即灰白色粉尘。

（2）更换分子筛，封盖，防止内部绝缘件受潮。

（3）主触头表面状态无须处理，不会影响产品性能。

（4）完成封盖后延长抽真空时间2h。

（5）注气至气室额定压力静置24h。

（6）SF_6气体及检漏试验，合格后进行耐压局部放电。

经过上述处理后对220kV宗桩Ⅲ线614断路器A相SF_6气体及检漏试验合格，数据如表4-1-2所示。

▼ 表4-1-2　　　　处理后614断路器A相气室内SF_6气体试验

SO_2（μL/L）	H_2S（μL/L）	CO（μL/L）
0	0	0.6
微水（μL/L）20℃	纯度（体积分数）	检漏
38	99.8%	合格

SF_6气体及检漏试验合格后，进行同频同相耐压局部放电试验合格，结果如表4-1-3所示，宗桩Ⅲ线614断路器处理投运后，正常运行。

▼ 表4-1-3　　　　处理后614断路器A相耐压及局部放电情况

施加电压（kV）	频率（Hz）	时间（min）	结果	局部放电
127	50	15	通过	无异常放电声及放电图谱

● 4.1.5 监督意见及要求

（1）新设备投运后一个月、六个月均应进行一次特高频和超声波局部放电带电检测，发现异常及时处理。

（2）针对断路器频繁开断故障后持续进行特高频和超声波局部放电以及 SF_6 气体分析带电检测，及时跟踪确认设备是否正常运行（目前国内外对于断路器开断短路电流后是否进行持续跟进一段带电检测，并未有明确规定）。

4.2 220kV GIS耐压放电故障分析

● 监督专业：电气设备性能   ● 监督手段：故障调查
● 发现环节：设备调试   ● 问题来源：设备安装

● 4.2.1 监督依据

GB 50150—2016《电气装置安装工程　电气设备交接试验标准》
DL/T 555—2004《气体绝缘金属封闭开关设备现场耐压及绝缘试验导则》

● 4.2.2 违反条款

（1）依据 GB 50150—2016《电气装置安装工程　电气设备交接试验标准》13.0.6规定，GIS应通过交流耐压试验，试验电压值应为出厂试验电压的80%。

（2）依据 DL/T 555—2004《气体绝缘金属封闭开关设备现场耐压及绝缘试验导则》9.1规定，如GIS的每一部件均已按规定的试验程序耐受规定的试验电压而无击穿放电，则认为整个GIS通过试验。

● 4.2.3 案例简介

2021年1月24日，对某220kV变电站220kV GIS设备进行交流耐压试验时，发现220kV宗桩Ⅲ线614间隔C相加压至35kV时电压突降为0，耐压试验不通过，此时C相绝缘电阻为0（耐压前绝缘电阻251GΩ）。后开盖检查发现6143三工位隔离接地开关气室吸附剂盖板上的O形密封圈掉落，气室内壁上有放电痕迹，取出密封圈后，气室未充气状态C相绝缘电阻为19GΩ。2021年1月25日组织事件调查，调查发现该密封圈为GIS设备生产厂家更换吸附剂时掉落。

GIS设备型号ZF28-252，产品编号F19077，2020年5月28日出厂。

● **4.2.4　案例分析**

1. 交流耐压试验

调试人员对某220kV变电站220kV GIS设备进行耐压试验，将Ⅰ、Ⅱ、Ⅲ母线所有母联断路器、线路间隔断路器合上，从主变压器进线套管处加压，进行母线及所有间隔整体耐压试验。在进行C相耐压试验时，升压至35kV时出现放电，电压自动降为0。对C相进行绝缘试验，此时C相绝缘试验电阻为0（耐压前绝缘电阻251GΩ），对各间隔断开逐个排查发现宗桩Ⅲ线614间隔C相断路器至6143三工位隔离接地开关段绝缘电阻为0，怀疑气室内存在接地，如图4-2-1所示部位。

614间隔断开后，其他间隔及母线耐压试验通过。

2 现场检查

厂家将6143三工位隔离接地开关气室排气后，打开C相吸附剂盖板。吸附剂盖板设计为双密封结构，检查发现吸附剂盖板内密封圈已经掉入气室，外密封圈在密封槽内。对气室内部仔细检查发现密封圈一端搭在回路导体，另一端搭在壳体内壁，且气室内壁上存在放电痕迹，如图4-2-2和图4-2-3所示。盖板上还有外密封圈起到一定的密封作用，因此该气室在抽真空、检漏过程中未发现气体泄漏问题。

图 4-2-1 故障气室

图 4-2-2 掉落的密封圈和放电痕迹

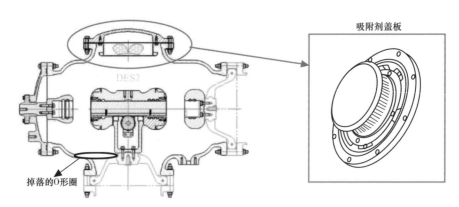
图 4-2-3 6143气室结构图

对掉落密封圈进行绝缘试验，结果为0。取出密封圈，在气室未充气状态下C相此段回路绝缘电阻为19000MΩ。取了两根新的密封圈进行绝缘试验，结果均为0MΩ，该类型密封圈无绝缘性能。

3. 放电原因

由于密封圈掉落，一端搭接导体，另一端与壳体内壁还有一定间隙，在进行交流耐压试验时，加压至35kV时O形密封圈对壳体内壁放电，放电时的电弧引起抖动导致密封圈位移，最后与壳体内壁完全接触，从而导体—密封圈—壳体内壁形成接地回路。

4. 密封圈掉落原因

该气室于2020年12月5日在变电站现场安装时打开了吸附剂盖板进行更换吸附剂的工作，该气室的吸附剂盖板是朝下的，封盖时需将盖板反扣过来，密封圈处于悬空状态，有自然掉落的风险，如图4-2-4所示。分析存在以下原因可导致O形密封圈掉入气室。

（1）现场安装人员未严格按照安装作业指导书执行，出现以下情况导致密封圈掉落：

1）现场安装时密封圈、密封槽未清理干净，密封圈未与密封槽完全贴合，导致密封圈掉落。

2）清理密封圈、密封槽时使用的酒精过多，安装密封圈时酒精未完全挥发，密封圈未粘牢在密封槽内，导致密封圈掉落。

3）安装密封圈时未均匀涂敷润滑脂或润滑脂涂敷过少，密封圈未粘牢在密封槽内，导致密封圈掉落。

4）安装密封圈时安装人员未安装到位，密封圈未与密封槽完全贴合，导致密封圈掉落。

5）安装吸附剂盖板时安装人员动作不规范，例如存在随意晃动盖板、手碰触到密封圈、盖板碰撞产生震动等行为，导致密封圈掉落。

6）安装吸附剂盖板时安装人员未仔细观察法兰对接面密封圈状态。

（2）现场使用润滑脂存在质量问题导致黏性不足，密封圈掉落。厂家使用的润滑剂无铭牌标识，为厂内分装产品，如图4-2-5所示。

（3）吸附剂盖板工艺设计问题。用于安装密封圈的密封槽宽度比密封圈的宽度明显大一些，且在吸附剂盖板上开密封槽，如图4-2-6所示，密封槽对密封圈没有任何压紧力来保证密封圈不掉落，因此只能完全依靠润滑脂的黏性来保证密封圈不掉落。对于这种盖板朝下的，应在壳体上开槽来安装密封圈，从而避免出现密封圈掉落的隐患。

图 4-2-4　封盖时密封圈存在掉落风险

图 4-2-5　润滑脂

图 4-2-6　密封槽设计缺陷

5. 处理措施

（1）2021年1月25日，公司联合省建设公司组织事件调查。

（2）2021年1月26日，调试人员在公司专业人员见证下进行开盖检查。

1）拆除6143 C相吸附剂盖板，检查绝缘盆子、绝缘拉杆、动静触头无异常。

2）清理放电点后，使用吸尘器将气室内异物清理干净，并使用强光手电进行仔细检查。

3）恢复吸附剂盖板安装。

4）对6143气室气室进行抽真空、充气至额定气压。

（3）2021年1月27日，气室SF$_6$检漏、微水测量合格，交流耐压试验通过。

（4）2021年1月27日～2月1日，对其他气室进行X射线检测，检测未发现异常。

4.2.5 监督意见及要求

（1）改良组合电器密封工艺设计，将密封垫槽设计在GIS壳体上，避免密封垫脱落的隐患。

（2）与本次故障中采用相同密封设计的组合电器，供应商应进行进一步排查其使用的润滑脂质量，避免同类问题发生。

（3）现场安装人员在装配过程中严格按照标准作业指导书执行，做好关键工艺质量管控。

4.3 220kV GIS局部放电检测发现母线气室沿面放电分析

- 监督专业：带电检测
- 设备类别：GIS
- 发现环节：运维检修
- 问题来源：设备制造

4.3.1 监督依据

Q/GDW 1168—2013《输变电设备状态检修试验规程》

4.3.2 违反条款

依据Q/GDW 1168—2013《输变电设备状态检修试验规程》5.9规定，特高频局部放电信号应无异常。

4.3.3 案例简介

2021年3月19日，检修单位发现某220kV变电站220kV Ⅰ母线610间隔附近存在间歇性特高频局部放电信号，定位信号源在Ⅰ母线610间隔处盆式绝缘子位置。

设备型号为 ZF60-252，2019年12月出厂，2020年5月投运。

4.3.4 案例分析

1. 现场检查情况

（1）首次检测。3月19日，带电检测专业在对某220kV变电站检查时发现220kV I母610间隔附近存在间歇性特高频局部放电信号，信号微弱并呈间歇性不利于缺陷类型的判断和定位，仅606间隔处的母线内置传感器和606与610之间母线盆式绝缘子处能捕捉到信号，如图4-3-1所示。

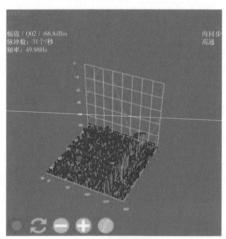

(a) 特高频异常图谱一

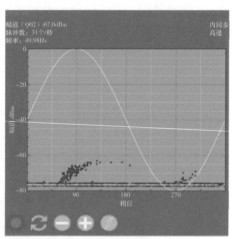

(b) 特高频异常图谱二

(c) 检测异常信号盆子位置

图4-3-1 特高频捕捉到的信号与检测位置

超声波局部放电检测，Ⅰ母气室（606间隔附近）绝缘盆两侧连续模式未发现异常信号，信号无50Hz、100Hz相关性。SF₆气体成分分析，Ⅰ母气室（606间隔附近）未见H_2S、SO_2等分解物，气体湿度合格，判断气室内SF_6气体未电解。综合上述检测结果，Ⅰ母气室（606间隔附近）存在绝缘类局部放电。

特高频传感器定位波形如图4-3-2所示，Ⅰ母气室606间隔附近有一个内置特高频传感器，外置传感器可布置于Ⅰ母气室606间隔附近两端通盆、备用间隔附近通盆等以及继续沿母线等各绝缘盆。

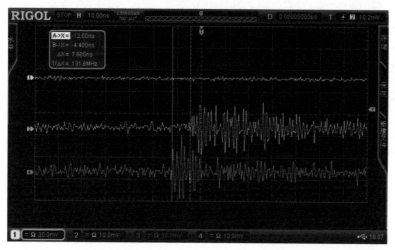

图4-3-2 特高频局部放电于Ⅰ母气室610与606间隔定位时定位波形

先在Ⅰ母气室606间隔附近两端布置两个传感器（右端内置为绿色，左端通盆为紫色），在空间布置黄色传感器以排除外界干扰信号。

绿、紫色传感器波形幅值较大且起始沿明显，黄色传感器波形幅值较小，起始沿不明显，紫色领先于绿色，紫、绿间时差为3.8ns（内置传感器与外置传感器会造成时沿误差），判断局部放电信号位于绿、紫传感器之间靠近紫色传感器处，与紫色传感器的距离为（4-0.3×3.8）/2=1.43（m），定位于带防爆膜的手孔盖附近。结合附近的绝缘部件情况，判断信号位于母气室606间隔与备用间隔的隔离绝缘盆附近。

（2）复测。4月2日，电科院技术人员开展220kV GIS带电检测诊断测试，发现606间隔与备用610间隔之间Ⅰ母盆式绝缘子处存在异常特高频局部放电信号，PRPS及PRPD图谱如图4-3-3所示，盆子附近壳体处超声波检测无异常。其余盆子处特高频检测无异常，壳体处超声波检测无异常。

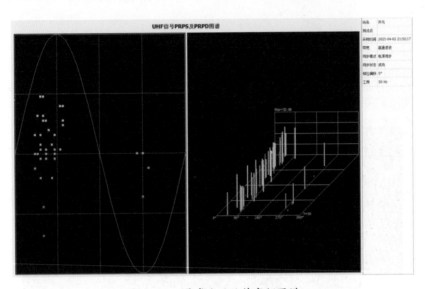

图4-3-3　异常盆子处特高频图谱

采用局部放电定位装置对局部放电信号进行判断，红色传感器布置在606间隔与备用610间隔之间Ⅰ母盆式绝缘子处，黄色传感器布置在606间隔处Ⅰ母线上内置特高频传感器处，检测发现红色传感器检测信号领先于黄色传感器，领先时间约8ns，且红色传感器信号幅值远大于黄色传感器信号幅值，如图4-3-4所示。根据时间差计算，信号源离黄色传感器（606间隔处Ⅰ母线上内置特高频传感器）约2.4m，刚好位于606间隔与备用610间隔之间Ⅰ母盆式绝缘子处，结论与省检公司带电检结果一致。

（3）第三方复测。4月29日，设备厂家委托第三方技术人员进行复测，在606间隔与备用610间隔之间Ⅰ母线位置的盆式绝缘子位置检测到异常信号，如图4-3-5所示。该异常信号幅值最大为-70dB（背景噪声为-75dB），异常信号幅值较小，放电次数少，周期重复性低。

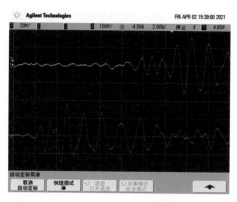

图 4-3-4　红色传感器领先黄色传感器波形图

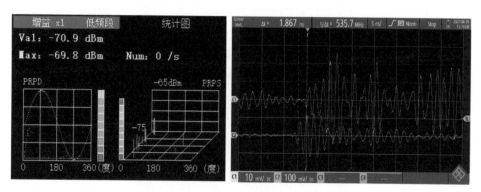

图 4-3-5　第三方复测特征图谱

2. 停电处理

7月25日，对220kV Ⅰ母GIS设备进行解体，更换Ⅰ母线610间隔处盆式绝缘子，拆下该处绝缘子后发现其表面A相位置处存在明显异常痕迹，停电解体结果与公司带电检测定位位置一致。解体图如图4-3-6和图4-3-7所示。

图 4-3-6　现场解体图

图4-3-7　盆式绝缘子表面异常痕迹

3. 送电后复测

7月29日，220kV Ⅰ母送电后，对送电后该位置进行特高频复测，特高频异常信号消失，如图4-3-8所示，该变电站220kV Ⅰ母线610间隔处盆式绝缘子绝缘类放电缺陷消除。

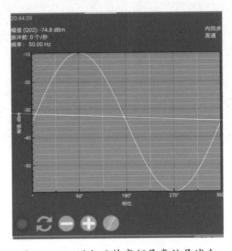

图4-3-8　送电后特高频异常信号消失

4. 原因分析

结合三方的三次局部放电定位数据，可判断异常信号位于606间隔与610间隔之间 Ⅰ母线位置的盆式绝缘子靠近606备用间隔一侧，距离该盆式绝缘子250mm左右，为绝缘类放电。

● 4.3.5 监督意见及要求

（1）全面检查所辖同厂同型的LW15-550型断路器提升杆，核查现场直动密封杆外露长度满足设计要求，同时要确保机构的双头连接夹叉调节螺栓连接可靠、无脱丝风险。

（2）直动密封杆外露尺寸（标准38mm）异常的断路器，尽早安排停电计划，进行检查及试验。

（3）停电检修前缩短同厂同型的LW15-550型断路器的SF_6气体成分分析和红外热像检测带电检测项目的检测周期，重点加强异常设备的状态跟踪。

4.4　220kV GIS安装工艺不良导致气室漏气分析

- 监督专业：电气设备性能
- 设备类别：GIS组合电器
- 发现环节：运维检修
- 问题来源：施工安装

● 4.4.1　监督依据

Q/GDW 1168—2013《输变电设备状态检修试验规程》

《国家电网公司变电检测通用管理规定　第40分册　气体密封性检测细则》

● 4.4.2　违反条款

（1）依据Q/GDW 1168—2013《输变电设备状态检修试验规程》5.8.1.2巡检说明规定，气体密度值正常；5.8.2气体密封性检测规定，漏气率小于等于0.5%/年或符合设备技术文件要求（注意值）。

（2）依据《国家电网公司变电检测通用管理规定　第40分册　气体密封性检测细则》中气密性检测诊断判据规定，①定量检漏：漏气率小于等于0.5%/年或符合设备技术文件要求；②定性检漏无漏点：采用校验过的SF_6气体定性检漏仪，沿被测面以大约25mm/s的速度移动，无泄漏点，则认为密封良好。

● 4.4.3 案例简介

2020年8月3日，某220kV变电站黄溪线6041隔离开关A相气室发低气压告警信号，气压值降至0.44MPa以下，其他相气压值为0.56MPa。隔离开关现场图如图4-4-1所示，内部剖面图如图4-4-2所示。使用GF306红外成像检漏仪发现该气室法兰处存在严重漏气现象（如图4-4-3和图4-4-4所示），补气时间间隔约为12h。

图4-4-1 黄溪线6041隔离开关A相气室漏气部位图

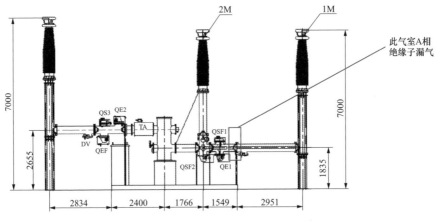

图4-4-2 黄溪线604间隔内部结构剖面图（单位：mm）

该变电站于2018年11月投运，黄溪线604间隔为HGIS结构。

6041隔离开关基本信息如表4-4-1所示。

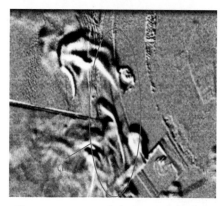

图4-4-3　6041 A相气室漏气部位红外
成像照片

图4-4-4　6041 A相气室漏气部位可见
光照片

▼ 表4-4-1　　　　　　　　　　6041隔离开关基本信息

产品型号	ZF11-252(L)	运行编号	220kV黄溪线6041隔离开关
额定电压	252kV	额定电流	3150A
额定气压	0.50MPa	告警气压	0.44MPa
出厂编号	D180200	出厂日期	2018-04-30

根据Q/GDW 1168—2013《输变电设备状态检修试验规程》及《国家电网公司变电检测通用管理规定　第40分册　气体密封性检测细则》中气密性检测诊断判据，初步分析该异常工况为6041隔离开关A相气室法兰内密封圈损坏或安装工艺不良等原因导致的漏气缺陷。

● 4.4.4　案例分析

1. 临时处理措施

由于电网运行方式需求无法立即对该设备进行停电消缺工作，故安排检修人员现场实时监测气体压力和补气处理，确保气压保持在0.44~0.48MPa。同时，在现场采取遮阳、喷水等降温措施，降低气体泄漏速度，并于8月10日对漏气部位的法兰密封处及紧固螺栓部位采用高强度密封胶进行临时堵漏处置（如图4-4-5所示），堵漏效果并不理想。

图4-4-5 对漏气部位进行密封胶临时堵漏

2. 停电处理过程

根据黄溪线604间隔内部结构，停电处理时需将6041A相套管整体拆除并起吊，再退出漏气处盆式绝缘子与套管之间的GIS金属筒壳，方可对漏气部位进行处理。

2020年10月20～24日，结合全站220kV设备停电，现场检修人员进行6041隔离开关A相气室漏气处理工作。在进行气体回收后首先拆除了高压套管和GIS水平连接金属套筒（如图4-4-6和图4-4-7所示）。

图4-4-6 解体检查套管起吊现场　　　　图4-4-7 水平金属套筒拆除

随后拆下漏气处的盆式绝缘子并对其进行检查，如图4-4-8所示。发现其内部主密封圈损坏严重，根据绝缘子法兰接触面上印迹判断为安装时密封圈错位造成的密封工艺不良。投运初期并无明显影响，运行过程中密封圈受持续挤压和夏季温度升高影响导致其材质裂解软化加剧，最终该处缝隙不断增大，漏气程度逐渐加剧。

图4-4-8　盆式绝缘子内密封圈损坏情况

如图4-4-9和图4-4-10所示，检修人员对该盆式绝缘子及密封圈进行整体更换，并确保绝缘圈安装可靠，螺栓紧固到位，对拆除的水平导筒及高压套管进行除尘后恢复安装。安装完成后按要求测量6041与6043高压套管间回路电阻，A相测试值为359.0μΩ（厂家标准值466μΩ），对应C相为326μΩ。

图4-4-9　更换新盆式绝缘子　　　　图4-4-10　恢复安装前进行除尘

10月21日恢复性安装完成后，检修人员按步骤对6041 A相气室分两次进行抽真空处理，于10月22日上午进行SF₆充气工作，气压充至0.54MPa。静置10、16、24h分别测试SF₆气体的水分及成分检测，数据合格且稳定，气体检漏未见异常。

10月23日中午，对6041隔离开关A相整体进行了检修后耐压试验。如图4-4-11和图4-4-12所示耐压试验峰值电压368kV（出厂值80%），试验时间1min，无击穿放电等异常现象，1.2倍运行电压下带电检测局部放电也未见异常，耐压前后SF₆气体测试结果无明显变化。

图4-4-11　耐压试验现场布置　　　　图4-4-12　耐压试验电压

据以上解体检查与设备处理过程，本次黄溪线6041隔离开关A相气室漏气原因为施工安装阶段密封件安装工艺不良导致的设备密封隐患，未采用力矩扳手并检查法兰紧固是否均匀。由于密封圈的材质于夏季高温时加速裂解变软造成气隙变大，逐步发展为严重漏气缺陷。

4.4.5 监督意见及要求

（1）坚持全过程技术监督。GIS等组合电器设备，基于其集成程度高、内部缺陷十分隐蔽的特点，特别是为避免设备安装环节因工艺问题导致的隐蔽性缺陷所带来的隐患和风险，需要加强各环节的技术监督力度，坚持全过程重点管理措施和技术监督细则的严格执行。对于核心部件的安装及关键环节要由厂家及专业人员全程指导把关，杜绝设备带缺投运。

（2）加强专业化巡视。专业化巡视可以发现电气设备存在的潜伏性故障或缺陷。日常生产中应对有疑似缺陷的设备加强巡视，并严格按照规程定期对设备进行检查，发现异常时采用多种手段进行综合分析，并及时处理，将电网安全隐患降到最低。

4.5 220kV GIS特高频信号异常分析

- 监督专业：带电检测
- 设备类别：组合电器
- 发现环节：运维检修
- 问题来源：设备制造

4.5.1 监督依据

《国家电网公司变电设备检测通用管理规定》［国网（运检/3）829—2017］

4.5.2 违反条款

依据《国家电网公司变电设备检测通用管理规定》［国网（运检/3）829—2017］特高频局部放电检测细则附录D中，GIS局部放电典型图谱，绝缘内部气隙放电典型放电谱图。

4.5.3 案例简介

2019年3月14日，检修单位对某220kV变电站开展春季安全检查工作，发现GIS 620 C相电缆气室特高频信号异常，经过3天跟踪诊断及其他辅助项目测量，判断电缆头气室内存在绝缘内部故障，为气隙放电。GIS外观如图4-5-1所示。

GIS：型号8DN9-Ⅱ，2018年6月14日首次投入运行。

电缆：620 C相电缆型号YJLW-1X800，2018年6月14日首次投入运行。

电缆终端：620 C相电缆终端为1X800型，2018年6月14日首次投入运行。

图4-5-1　220kV GIS 2号主变压器620电缆头气室外观图

● 4.5.4 案例分析

1. 检测分析数据

（1）特高频局部放电检测。变电站GIS盆式绝缘子为金属封闭盆式绝缘子，无法进行特高频局部放电检测，电缆头气室进线部位为环氧树脂外套，故只能对电缆头气室进行检测。A、B两相特高频图谱与背景图谱相似，无典型放电特征，C相检测图谱异常，如图4-5-2所示。

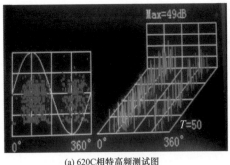

(a) 620C相特高频测试图　　　　　　　(b) 背景特高频测试图

图4-5-2　620 C相与背景特高频测试图对比

C相特高频图谱与气隙和悬浮典型放电图谱相似，相位相差180°、幅值大小接近，但两簇波形中存在大小幅值不一致的信号，如图4-5-3所示。

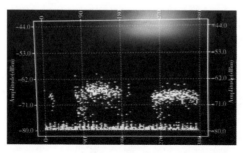

图4-5-3 620 C相特高频PRPD诊断图

从特高频诊断仪获取的C相PRPD图谱可以看出，图谱呈现两簇相隔180°人眉形状，属于典型的绝缘内部气隙放电图谱，如图4-5-4（a）所示。

随后对特高频信号进行定位，分别在电缆气室环氧树脂护套和电缆本体下端进行，如图4-5-4（b）所示。

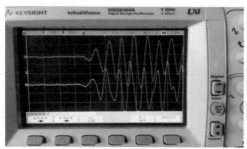 

(a) 620 C相特高频图谱   (b)定位图

图4-5-4 620 C相特高频图谱与定位图

环氧树脂外套的信号（绿色）领先于电缆本体靠近地面位置的信号（蓝色）。如果缺陷在两个传感器之间，则缺陷离绿色传感器的距离为

$$\Delta L = \frac{L - \Delta t S}{2}$$

（4-5-1）

式中 L——两传感器距离，取0.3m；

Δt——时差，取1ns；

S——光速。

经计算，ΔL为零，即缺陷位于绿色传感器或其上方（环氧树脂外套内部或电缆气室罐体内部），由于电缆头气室往后连接的隔离开关气室、母线气室均无特高频检测窗口（隔离开关接地引出绝缘部位无信号），如图4-5-5所示，进一步定位受限。

图4-5-5　6202隔离开关气室接地引出部位图

（2）高频局部放电检测。在电缆外护套接地线处进行高频局部放电检测，C相信号明显大于A、B两相，检测图谱如图4-5-6所示。从图4-5-6中可以看出，C相图谱中有相位特征，表明存在高频局部放电信号。

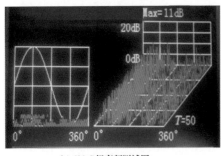
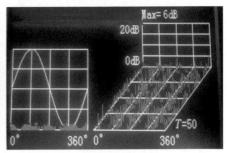

(a) 620 C相高频测试图　　　　(b) 620 B相高频测试图

图4-5-6　620 C相与B相高频测试图对比

620 C相高频诊断如图4-5-7所示。从高频诊断图谱可以看出，高频呈现对称180°局部放电图形。

（3）超声波局部放电检测。三相超声检测结果与背景检测值相同，有效值、最大值均为0.5/0.7mV，如图4-5-8所示，表明无超声异常信号。

（4）X光探伤检测。对620电缆气室进行了X光探伤检测，重点检查了电缆头根部及电缆气室中上部（电缆气室下部由于仪器功率较小，成像不清晰）。检测发现电缆头根部下方电缆主绝缘中存在明显气隙，如图4-5-9所示。

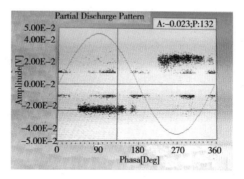

图4-5-7 620 C相高频诊断图

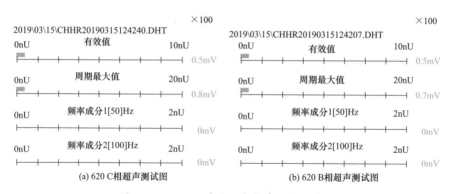

图4-5-8 620 C相与B相超声测试图对比

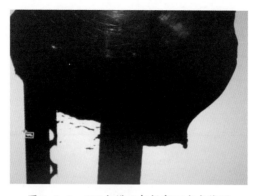

图4-5-9 620电缆C相根部X光成像图

（5）其他检测项目。对620检测进行红外热成像检测和气体成分分析，检测结果无异常，如图4-5-10所示。

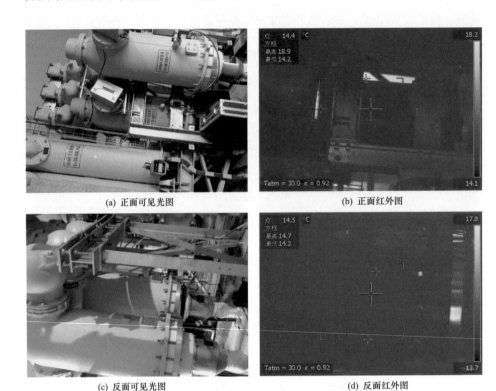

(a) 正面可见光图　　　　　　　　　(b) 正面红外图

(c) 反面可见光图　　　　　　　　　(d) 反面红外图

图4-5-10　620电缆气室红外检测图

对620电缆头气室进行红外热成像检测和气体成分分析，检测结果无异常，如表4-5-1所示。

▼ 表4-5-1　　　　　620 C相电缆头气室SF₆气体成分数据表　　　　　μL/L

项目	H_2O	S_2O	H_2S	CO
检测值	103	0	0	0

2. 综合分析

（1）对620 C相电缆头气室进行了特高频局部放电检测、高频局部放电检测、超声波局部放电检测、红外热成像检测和气体成分分析。其中特高频局部放电检测和高频局部放电检测有异常信号，超声波局部放电检测、红外热成像和气体成分检测无异常。

（2）通过特高频局部放电信号图谱初步判定异常信号为气隙放电信号，超声波局部放电检测对悬浮放电敏感而对气隙放电不敏感，也可以进一步判定为气隙放电，由于气隙放电能量较小且位于固体绝缘件内部，其放电不足以影响 SF$_6$ 气体性质变化，所以气体成分数据也合格。

（3）通过特高频定位可以进一步确定信号来自电缆头气室罐体或相连的隔离开关、母线气室，由于相邻可检测间隔 610、604 间隔均无信号，电缆头气室内部放电的可能性最大，现场涉及固体绝缘部件处理的只有电缆终端制作，其他绝缘部件均为定制品，结合国内以往电缆气室缺陷概率情况，该气隙处于电缆终端（应力锥）位置可能性最大。

（4）通过 X 光检测发现 620 电缆根部主绝缘存在多处气隙，主绝缘存在损伤。

● 4.5.5 监督意见及要求

（1）因 620 间隔不存在 620 断路器，如电缆头气室缺陷进一步发展导致击穿接地，将直接造成 2 号主变压器高压侧近区短路，且相连的 220kV Ⅱ 母、Ⅳ 母短路接地。

（2）缩短检测周期，加强跟踪检测，补充其他缺陷定位手段（X 射线探伤）。

（3）加装重症监护系统实时跟踪检测（已执行，图谱与带电检测结果一致），根据放电幅值、图谱变化判断缺陷劣化发展趋势，并适时停电开盖处理。

（4）结合停电进行处理。

4.6 220kV GIS盆式绝缘子触座装配不良导致主回路电阻不合格分析

- 监督专业：电气设备性能
- 发现环节：安装调试
- 设备类别：断路器
- 问题来源：技术监督

4.6.1 监督依据

Q/GDW 171—2016《SF$_6$高压断路器状态评价导则》

4.6.2 违反条款

依据Q/GDW 171—2016《SF$_6$高压断路器状态评价导则》评价标准规定，主回路电阻值超过出厂值的50%，扣32分，评价为严重状态。

4.6.3 案例简介

2020年10月15日，某变电检修公司试验人员对某220kV变电站2号主变压器扩建工程的220kV组合电器开展设备调试阶段技术监督旁站见证，发现该220kV变电站620间隔C相主回路电阻测试结果（超过3000μΩ）明显超出出厂值，A、B两相主回路电阻测试值合格。后厂家对该断路器进行X光透视检测，发现C相断路器动侧盆子处内部触头螺钉松动。进行开盖检查发现触座屏蔽罩对接孔装配错误，导致回路电阻超标。将触座屏蔽罩装配整体更换后并重新对接GIS，再次测试回路电阻符合要求。

4.6.4 案例分析

1.现场检查情况

该220kV变电站620组合电器，设备型号ZF9D-252，出厂日期为2020年

7月。现场检查发现620间隔C相主回路电阻测试结果（超过3000μΩ）明显超出出厂值，检修人员对故障原因进行分析，初步认为620间隔组合电器C相主回路内部部件装配不良导致的回路电阻超标。现场通过逐个气室测试，判断为母线隔离开关与断路器之间电阻超标，断路器间隔装配如图4-6-1所示。

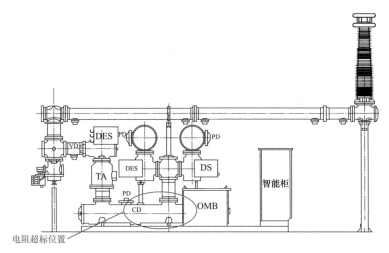

图4-6-1　断路器间隔装配设计图

2. X光透视检查情况

经现场人员对该间隔试验确认，电阻超标位置位置位于C相断路器与母线隔离开关的盆子处，初步分析电阻超标原因为断路器盆子处内部弹簧触指虚接或触头座螺钉松动（如图4-6-2所示）。10月16日，现场对间隔进行X光透视试验，如图4-6-3所示，发现最终确认该间隔C相断路器动侧盆子处内部触头座螺钉松动，断路器灭弧室正常合闸，其余两相未发现异常。

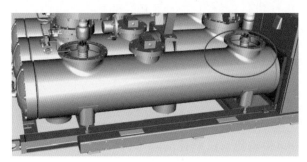

图4-6-2　C相电阻超标部位图

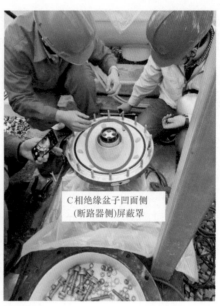

C相绝缘盆子凹面侧
(断路器侧)屏蔽罩

图 4-6-3　断路器 C 相盆式绝缘子现场解体

3. 断路器气室开盖检查

为查明原因，现场需对断路器三相进行开盖解体检查。移开断路器母线侧隔离开关，同时吊出对应盆式绝缘子。再次测试绝缘子凹面侧（靠断路器侧）触座装配至凸面侧嵌件的回路电阻，测试结果严重超标，说明触座装配与盆子嵌件连接不可靠、接触不良是导致 620 间隔 C 相主回路电阻测试不合格的直接原因。

继续对盆式绝缘子进行拆解，对拆卸下来的触座装配检查，发现该 C 相的触座装配与设计不符，该种触座与嵌件连接的 4 个对穿螺栓孔内部攻有螺纹，而装配正确的屏蔽罩其对穿螺栓孔内壁则是光滑平整的（如图 4-6-4 所示）。

4. 直阻超标原因分析

根据厂家提供的设计说明，该型号组合电器断路器动侧盆式绝缘子选用的触座是通过 4 根磷化 M12 螺栓与盆子嵌件连接紧固的（如图 4-6-5 和图 4-6-6 所示）。

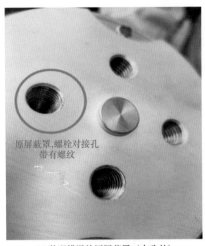

原屏蔽罩,螺栓对接孔
带有螺纹

屏蔽罩螺栓孔
原不带螺纹

(a) 装配错误的原屏蔽罩（内攻丝）　　　　　　(b) 装配正确的屏蔽罩

图 4-6-4　盆式绝缘子触座配图

图 4-6-5　断路器动侧盆子触座装配拆解示意图

其中，为确保紧固力矩满足要求，屏蔽罩的螺栓对接孔内壁应不攻有螺纹。

若采用连接螺孔内壁螺栓的触座装配，螺栓穿过触座螺孔时将由触座承担相当一部分力矩，则会导致螺栓与盆子嵌件间的紧固力矩达不到固定力矩要求。

通过对厂内安装工艺了解，车间对每个触座紧固力矩均采用力矩扳手进行了复核，但在装配时该部位的触座与嵌件已具备一定的紧固力，难以通过主回路电阻测试发现该安装隐患，故在出厂验收时验收人员未发现。而现场

图 4-6-6　触座屏蔽罩对接孔装配图

试验时，GIS设备由于运输途中颠簸等因素，将该部位紧固力矩不足的缺陷充分暴露，从而导致触座与盆子嵌件连接螺钉松动，接触电阻异常增大，从而导致主回路电阻试验不合格，如图4-6-7和图4-6-8所示。

现场同样对A、B两相进行了开盖检查，触座屏蔽罩对接孔均无螺纹，螺

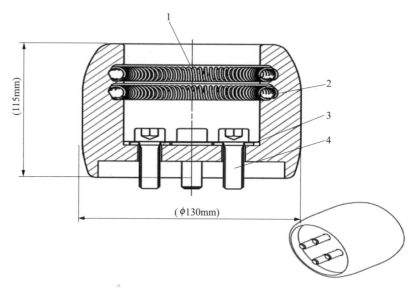

图 4-6-7　触座装配示意图
1—弹簧触座；2—母线用弹簧触座；3—垫圈；4—螺钉

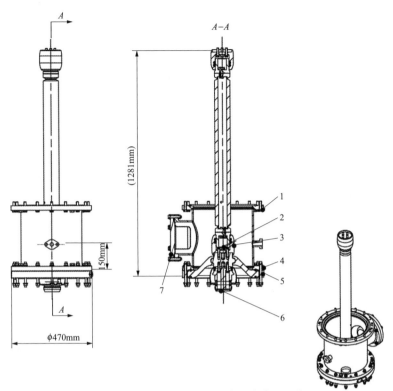

图4-6-8　断路器动侧盆子及导体筒装配示意图

1—螺栓装配；2—导电杆；3—触座装配；4—吸附剂壳体；5—盆子装配；6—触头装配；
7—吸附剂盖板装配

栓紧固力矩满足要求；将C相触座屏蔽罩装配整体更换后并重新对接GIS，再次测试从断路器气室上部手孔至盆子凸面侧屏蔽罩的回路电阻，发现该电阻已降至19μm，满足厂家技术条件要求。

● 4.6.5　监督意见及要求

（1）加强出厂验收把关。监造验收人员应抽取部分断路器触头磨合、导体回路装配等工艺进行旁站，确认是按技术图纸和装配工艺要求开展安装工作。

（2）C相触座屏蔽罩不符合设计选型要求、选用装配错误是造成本次缺陷的根本原因。厂家需进一步优化组部件设计，对于外观相似、使用功能不同的组部件应在外观上有明显区分标识，避免人为因素造成的安装工艺质量问题。

（3）加强现场交接试验把关，重点关注主回路电阻、耐压等关键试验数据与出厂值比。

（4）对于回路接触不良问题，X光透射检测是较好的有效检测手段。

4.7 110kV GIS盆式绝缘子质量问题导致耐压及局部放电检测异常分析

- 监督专业：电气设备性能
- 设备类别：组合电器
- 发现环节：设备调试
- 问题来源：设备制造

4.7.1 监督依据

《电网设备技术标准差异条款统一意见》（国家电网科〔2017〕549号）

4.7.2 违反条款

依据《电网设备技术标准差异条款统一意见》（国家电网科〔2017〕549号）中开关类设备三组合电器（二）运检与基建标准差异第15条规定，关于GIS设备现场进行雷电冲击试验的问题交接试验时，应在交流耐压试验的同时进行局部放电检测，交流耐压值应为出厂值的100%。有条件时还应进行冲击耐压试验。试验中如发生放电，应先确定放电气室并查找放电点，经过处理后重新试验。

4.7.3 案例简介

2017年11月6日，某检修公司技术人员对某110kV变电站GIS设备安装调试进行旁站，发现110kV GIS设备B相在耐压试验中发生击穿，且110kV 2Y线路508断路器气室在耐压过程中局部放电检测数据超标。11月10日，对局部放电异常的508断路器气室进行了更换，在更换过程中发现110kV母线与

110kV TV气室之间的盆式绝缘子有放电的痕迹，对其也进行了更换。将两个故障部件更换后再次进行了耐压及局部放电检测，耐压试验合格，耐压过程中无局部放电产生。

该110kV变电站GIS设备，型号为ZF7A-126，出厂日期为2016年12月。

● **4.7.4 案例分析**

1. 现场试验情况

试验人员对该110kV变电站GIS设备首先进行了常规试验，各相常规试验均合格。11月6日，试验人员对110kV GIS所有电气设备（除避雷器、电压互感器）进行分相耐压试验，加压区域如图4-7-1所示，加压点为3号间隔电缆靠主变压器侧电缆头。在对B相进行耐压试验时，加压至150kV，即出现一次闪络现象（有一声巨大的放电声），闪络后进行绝缘电阻测试无异常，外观检查无异常；随后再次加压至230kV，保持1min，耐压试验通过，因当时调试单位局部放电检测仪故障，未在耐压过程中进行局部放电试验。

11月7日，试验人员对110kV电缆（带110kV GIS设备）进行耐压试验及局部放电试验，A、C相耐压试验通过，耐压过程中进行局部放电检测，特高频检测数值为0dB，超声波检测数值为-10dB，无异常。对B相进行试验，试验电压升至37kV时，局部放电检测异常，特高频局部放电检测局部放电量达60dB，如表4-7-1所示。

▼ **表4-7-1　变电站GIS及电缆特高频局部放电检测和超声波检测数据**　　　dB

相序	加压37kV时特高频局部放电检测数值	加压230kV时特高频局部放电检测数值	加压37kV时超声波局部放电检测幅值	加压230kV时超声波局部放电检测幅值
A	0	0	-10	-10
B	60	—	23	—
C	0	0	-10	-10

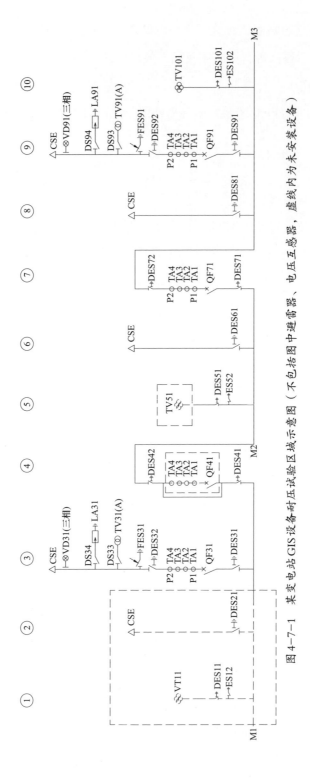

图 4-7-1 某变电站 GIS 设备耐压试验区域示意图（不包括图中避雷器、电压互感器，虚线内为未安装设备）

现场试验人员采取排除法按间隔加压，在对9号间隔（508断路器）做局部放电检测时，508断路器在分闸状态，局部放电正常；508断路器合闸，气室局部放电异常，且伴有明显的放电声响，然后试验人员采用超声波进行定位检测，发现圆环状区域检测数值最大，如图4-7-2中所示，检测数值为23dB。

图4-7-2　508断路器气室超声波局部放电检测异常位置示意图

如果局部放电源靠近壳体，则超声波局部放电检测异常的区域应该位于壳体的一侧；而如果局部放电源位于中心导体附近，则局部放电检测异常的区域应该呈现以局部放电源为中心的一个圆环状区域。本次超声波局部放电检测在GIS外壳上的分布呈圆环状，因此可判断局部放电源应该位于图4-7-2中标示位置的GIS内部导体上。

2. 解体情况

11月9日，厂家联合技术人员对508断路器气室打开检修孔进行了检查，因视角所限，未发现局部放电源，但发现气室内部存在少量黑色粉末状物质，疑为局部放电后产生的物质。经在场人员会商，决定对508断路器气室进行整体更换。

11月12日，厂家技术人员对508断路器进行更换，在更换过程中首先拆除了相邻的10号间隔设备（母线TV气室）。发现母线气室与TV气室间的盆式绝缘子（如图4-7-3所示）上存在明显的放电痕迹，如图4-7-4所示，且气室内有放电烧黑的物质（如图4-7-5所示）。

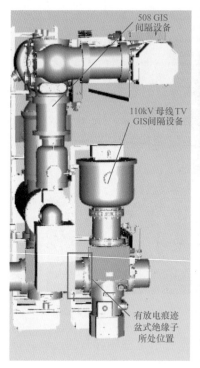

图4-7-3 局部放电盆式绝缘子位置示意图

图4-7-4 盆式绝缘子局部放电

图4-7-5 GIS气室内放电烧黑的物质

　　厂家技术人员立即调用备件，将该盆式绝缘子进行了更换，并对TV气室进行了清洁除尘。更换下的存在局部放电的508断路器气室现场未完全解体，气室中的局部放电源具体位置未确认。在将放电盆式绝缘子以及存在局部放电的508断路器气室更换后，试验人员再次对GIS设备进行了常规试验、耐压试验及局部放电检测，各项试验均合格，耐压过程中三相均无局部放电产生。

　　3. 结论

　　根据试验以及现场解体检查情况，可做如下分析：

　　对GIS设备进行第一次耐压试验时，试验击穿的部位为母线TV气室与508间隔之间的盆式绝缘子，击穿的原因为盆式绝缘子上靠近B相导电座的部位有裂缝或气泡，气隙与其他固体介质中的电场强度分布与它们的介电常数成反比。气体介质的介电常数远小于固体，故气隙中的电场强度要比固体介质中的电场强度高得多，当外加电压还远远小于固体介质的击穿电压时，气隙就发生放电。放电过程迅速发展成电树枝放电，并最终导致B相与接地的A、C两相对地击穿，试验装置也随之保护跳闸。由于放电击穿时产生的能量较大，存在气隙和裂缝的瓷片完全粉碎掉落。

　　故障盆式绝缘子通过了第二次耐压试验（未进行局部放电检测），并且在第三次耐压时在高压下无局部放电，是由于盆式绝缘子上存在裂缝或气泡的瓷片已完全粉碎，盆式绝缘子上没有气隙存在，因此绝缘得以恢复，并且在高压下也无局部放电的产生。

508断路器气室内存在的局部放电源根据检测数据以及设备结构（如图4-7-6所示），可判断局部放电源位于508断路器气室上部。可能的原因：①B相触头偏移未对中，接触不良导致放电；②灭弧室上部B相绝缘支撑件靠母线侧存在缺陷，产生局部放电；③断路器上接线座B相接触不良，导致局部放电。

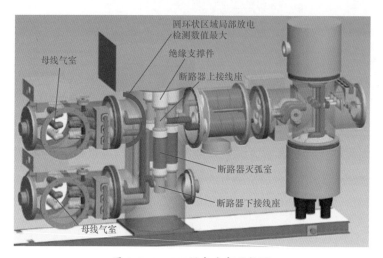

图4-7-6　GIS设备内部结构图

● **4.7.5 监督意见及要求**

（1）本次GIS设备耐压及局部放电试验异常是由于GIS设备内部盆式绝缘子存在缺陷引起。盆式绝缘子缺陷的来源有两种可能：①盆式绝缘子本身质量问题，厂家在工厂安装时将有缺陷的绝缘子装入设备；②在运输及安装过程GIS遭受过度撞击，导致盆式绝缘子开裂。

（2）对GIS设备必须严格按照"五通一措"验收细则中的相关要求在出厂验收时旁站见证交流耐压试验、雷电冲击耐压以及局部放电试验，避免将设备问题遗留到安装现场，延误工期，造成隐患。

（3）对GIS设备的到货验收应严格执行相关标准要求，检查三维冲撞记录仪，对出现冲击加速度大于3g或其他不满足产品技术文件要求的情况，产品运至现场后应打开相应隔室检查各部件是否完好，必要时可增加试验项目或返厂处理。

4.8 110kV HGIS 内断路器动触头底座导向环表面磨损导致耐压及局部放电检测异常分析

- 监督专业：电气设备性能
- 设备类别：组合电器
- 发现环节：设备调试
- 问题来源：设备制造

4.8.1 监督依据

《电网设备技术标准差异条款统一意见》（国家电网科〔2017〕549号）

4.8.2 违反条款

依据《电网设备技术标准差异条款统一意见》（国家电网科〔2017〕549号）中开关类设备三 组合电器（二）运检与基建标准差异第15条规定，关于GIS设备现场进行雷电冲击试验的问题交接试验时，应在交流耐压试验的同时进行局部放电检测，交流耐压值应为出厂值的100%。有条件时还应进行冲击耐压试验。试验中如发生放电，应先确定放电气室并查找放电点，经过处理后重新试验。

4.8.3 案例简介

2019年11月5日21时许，某110kV变电站改造工程中7个HGIS间隔（510、520、5×14、5×24、500、502、504）进行耐压及局部放电试验，发现510间隔C相升压至120kV时出现击穿、500间隔C相升压至140kV时出现击穿，其他间隔未出现异常。11月6日3时许，完成对两个间隔击穿点的定位，分别为510断路器与5101隔离开关、500断路器与5002隔离开关气室。

11月6日20时许，对510断路器与5101隔离开关气室进行解体检查，发现固定断路器传动拉杆的绝缘件表面出现闪络，对该绝缘件进行了更换。于11月8日16时30分对510 HGIS的C相再次进行交流耐压试验，试验通过。

11月7日14时许，对500断路器与5002隔离开关气室进行解体检查，发现断路器气室内部存在大量金属微粒。对金属微粒清理完毕后，抽真空注气，于11月8日12时许第二次进行交流耐压，升压至214kV再次出现击穿。11月8日20时对500断路器第二次进行解体检查，发现位于断路器灭弧室的动触头底座导向环4根固定销未装，从而断路器在动作过程中底座导向环与灭弧室内壁摩擦产生大量金属微粒。对断路器动触头的底座导向环进行了更换，并对断路器气室微粒进行了清理后，抽真空注气。于11月9日16时再次进行交流耐压试验，虽然耐压通过，但对500断路器气室进行超声波局部放电检测时，发现该气室存在金属微粒的局部放电信号。11月10日15时对500 HGIS的C相进行第三次解体，未发现明显的异常现象，对所有部件进行了清理。于11月11日21时再次进行交流耐压试验，耐压通过，同时未检测到局部放电信号。

该110kV变电站HGIS设备型号为ZHW18-126(L)/3150-40，出厂日期为2019年10月。

● **4.8.4 案例分析**

1. 现场试验情况

（1）510 HGIS间隔。2019年11月5日21时许，对510 HGIS间隔进行交流耐压试验，C相升压至120kV时出现击穿。将5101隔离开关拉开后，对母线侧套管进行耐压，试验通过；合上5101隔离开关、拉开510断路器进行耐压，升压至119kV出现击穿，初步判断击穿部位位于510断路器与5101隔离开关气室之间，如图4-8-1所示。其余A、B两相耐压通过。

解体检查更换绝缘件后，11月8日16时30分对510 HGIS的C相再次进行交流耐压试验，试验通过。

图4-8-1 510间隔C相放电区域判断定位示意图

（2）500 HGIS间隔。2019年11月5日23时许，对510 HGIS间隔进行第一次交流耐压试验，C相升压至140kV时出现击穿，其余A、B两相耐压通过。将5001隔离开关拉开后，对Ⅰ母侧C相套管进行耐压，试验通过；将5001隔离开关合上、5002隔离开关拉开后，在Ⅰ母侧加压，升压至142kV出现击穿，初步判断放电位置位于靠Ⅱ母侧隔离开关及断路器气室。2019年11月6日13时许，将500断路器拉开，5002隔离开关合上，在Ⅱ母侧加压，升压至123kV出现击穿，再次对放电位置进行了确认，如图4-8-2所示。

解体检查对断路器气室金属微粒进行清理后，11月8日12时许第二次进行交流耐压，升压至214kV再次出现击穿。

第二次解体检查对500断路器C相动触头的底座导向环更换后，11月9日16时第三次进行交流耐压试验，虽然耐压通过，但对500断路器气室进行超声波局部放电检测时，发现该断路器气室存在金属微粒的局部放电信号。

第三次解体检查对所有部件进行了清理后，11月11日23时第四次进行交

图 4-8-2　500 间隔 C 相放电区域判断定位示意图

流耐压试验，耐压通过，同时未检测到局部放电信号，试验合格。

2. 解体检查情况

（1）510 HGIS 间隔。解体检查：对击穿部位进行了定位后，判断击穿部位位于 510 断路器与 5101 隔离开关气室之间。11 月 6 日 20 时许，对 510 断路器与 5101 隔离开关气室进行解体检查，发现位于断路器气室固定断路器传动拉杆的绝缘件表面有明显的放电痕迹，如图 4-8-3 所示，该绝缘件位于如图 4-8-4 所示的位置。

根据试验以及现场解体检查情况，可做如下分析：现场对出现闪络的绝缘件进行了检查，发现表面放电痕迹明显，而其内部并未发现闪络放电痕迹，判断放电类型为固体介质的沿面放电。对解体的各个部件进行了检查，发现在断路器气室有少量金属微粒及粉尘。高压场强下金属微粒及粉尘受静电力的作用附着在绝缘件表面上积存，使电压分布不均衡，从而导致绝缘件表面发生闪络。

需要说明的是，10 月 5 日下午，验收人员到达该电气公司，但在 10 月 5

日晚上未通知验收人员现场见证的情况下，该电气公司私自进行交流耐压试验，且造成510 HGIS C相升压至200kV击穿，且在后续的解体过程中并未找到明显的放电部位，就草率地封装，后面虽然出厂见证了该间隔耐压及局部放电通过，但是有理由怀疑上述绝缘件表面闪络在出厂时就存在迹象，检查不到位，且解体及安装环境没有达到无尘要求。

图4-8-3 绝缘件表面闪络   图4-8-4 绝缘件位置示意图

（2）500 HGIS间隔。解体检查：对击穿部位进行了定位后，判断击穿部位位于500断路器与5002隔离开关气室之间。11月7日14时许，对500断路器与5002隔离开关气室进行第一次解体检查，发现500断路器气室存在大量的金属微粒，如图4-8-5所示，且在断路器灭弧室下部底座有金属微粒的放电痕迹，如图4-8-6所示。

11月8日20时，对500断路器第二次进行解体检查，发现在500断路器气室还是存在大量的金属微粒，同时发现位于断路器灭弧室的动触头底座导向环4根固定销未装，动触头底座导向环表面磨损严重，如图4-8-7所示，位置示意图如图4-8-8所示。11月10日15时，对500 HGIS的C相进行第三次解体，未发现明显的异常现象。

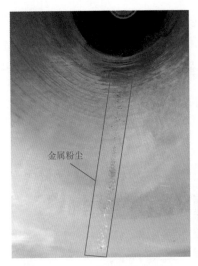

金属粉尘

放电痕迹

图4-8-5　气室内大量金属微粒　　图4-8-6　灭弧室下部底座放电痕迹

表面磨损严重

固定连接面

图4-8-7　500断路器C相动触头底座导向环磨损严重

根据试验以及现场解体检查情况，可做如下分析：第一次解体并未找到金属微粒的来源，未究其原因、未检查到位就匆忙地进行封装，导致第二次耐压击穿；第二次解体才发现位于断路器灭弧室内的动触头底座导向环4根固定销未装，导致断路器在动作过程中底座导向环与灭弧室内壁摩擦，产生大量的金属粉末，找到了金属微粒的来源。但现场施工环境杂乱远达不到无尘

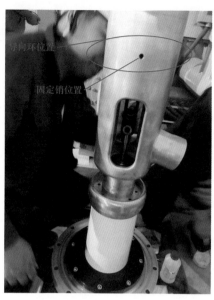

图 4-8-8 动触头底座导向环及固定销位置示意图

要求，封装时可能带入微量粉尘，造成超声检测出现局部放电信号。

● 4.8.5 监督意见及要求

（1）本次 510 HGIS C 相耐压击穿是由于位于断路器气室固定断路器传动拉杆的绝缘件表面闪络所致，500 HGIS C 相耐压击穿是由于位于断路器灭弧室内的动触头底座导向环 4 根固定销未装使分合闸时产生大量金属微粒所致。建议严格按照标准工艺进行 GIS 设备的安装，并应保证可靠的安装环境。

（2）对 GIS 设备必须严格按照"五通一措"验收细则中的相关要求在出厂验收时旁站见证交流耐压试验、雷电冲击及局部放电试验，避免将设备问题遗留到安装现场，延误工期，造成隐患。

（3）对 GIS 设备的现场安装及交接试验必须严格按照 GB 50150—2016《电气装置安装工程 电气设备交接试验标准》和《国网湖南省电力有限公司关于印发〈气体绝缘金属封闭开关设备全过程管理重点措施（试行）〉的通知》（湘电公司设备〔2019〕19 号）执行。

4.9 110kV GIS隔离开关动静触头插接深度不够导致悬浮放电分析

● 监督专业：电气设备性能　　　● 设备类别：GIS

● 发现环节：运维检修　　　　　● 问题来源：现场安装

● 4.9.1 监督依据

Q/GDW 1168—2013《输变电设备状态检修试验规程》

GB 50147—2010《电气装置安装工程　高压电器施工及验收规范》

● 4.9.2 违反条款

（1）依据Q/GDW 1168—2013《输变电设备状态检修试验规程》表26规定，GIS特高频局部放电和超声波局部放电检测结果应无异常。

（2）依据GB 50147—2010《电气装置安装工程　高压电器施工及验收规范》5.2.7规定，GIS连接插件的触头中心应对准插口，不得卡阻，插入深度应符合产品技术文件要求。

● 4.9.3 案例简介

2018年11月，试验人员发现某110kV变电站5023隔离开关A相特高频局部放电信号异常，具有典型悬浮放电图谱特征。判断放电点位于5023隔离开关A相气室内部，并持续进行跟踪测试。2020年3月19日，该气室局部放电检测数据与前期测试结果相比有明显发展趋势，经解体检查发现由于A相动静触头插接深度不够、接触不良，引起悬浮放电。清理5023隔离开关气室并更换动静触头后，GIS整体回路电阻测试合格，局部放电检测无异常。

该GIS型号为ZF4–110SF6，2000年4月出厂，2001年1月投运。

● 4.9.4 案例分析

1. 现场检测

（1）特高频局部放电检测。局部放电检测位置为5023隔离开关A相靠断路器侧绝缘盆子部位，如图4-9-1所示。

图4-9-1　特高频检测点实际位置图

检测位置处特高频PRPS及PRPD图谱如图4-9-2（a）所示，具有典型放电图谱特征，背景图谱如图4-9-2（b）所示。

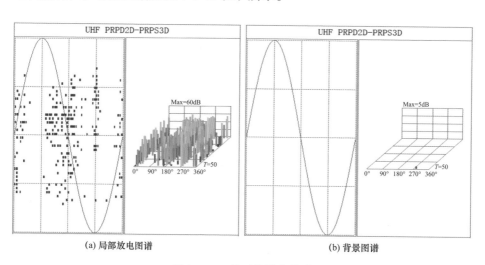

图4-9-2　检测位置处图谱

（2）超声波局部放电检测。对5023隔离开关多处进行超声波局部放电检测未发现异常信号，测试图谱如图4-9-3所示。

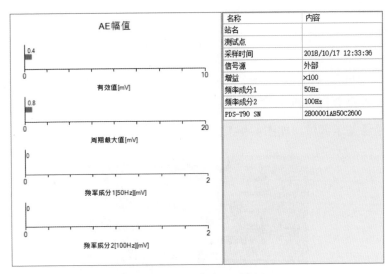

图 4-9-3　超声波测试图谱

（3）SF$_6$气体成分分析。对5023隔离开关A相气室进行气体成分检测，如表4-9-1所示。由表4-9-1结果可知，A相SO$_2$含量0μL/L（注意值为1μL/L）、H$_2$S含量0μL/L（注意值为1μL/L）、CO含量160μL/L（无明确要求），均符合Q/GDW 1168—2013《输变电设备状态检测试验规程》的要求，属于正常范围，但与B、C两相相比A相CO含量略高。

▼ 表4-9-1　　　　　5023隔离开关A相气室SF$_6$气体成分分析数据　　　　　　　μL/L

H$_2$S	SO$_2$	CO	SF$_4$
0	0	160.0	0

（4）声电联合定位。设置两组不同检测位置，每组同时使用红、黄、绿三个超声传感器用于定位气室内局部放电发生部位。传感器布置位置及检测结果如图4-9-4所示。

2. 缺陷分析

（1）缺陷类型。由图4-9-2和图4-9-3的检测结果可知，超声波检测未发现异常信号，特高频图谱在一个工频周期内有两簇位于相位图上方、脉冲数密集的集聚，幅值60dB左右，判断该气室内部缺陷为悬浮放电。

（2）缺陷定位。由图4-9-4（a）示波器波形可知，绿色传感器波形最滞后，红色传感器波形超前黄色传感器波形1.6ns。计算可得故障点与红、黄两点间的距离差约为48cm，小于两传感器间的距离，说明信号源位于红、黄两传感器之间，即5023隔离开关A相气室内且靠近红色传感器处。

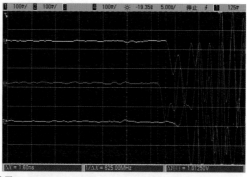

(a) 位置一

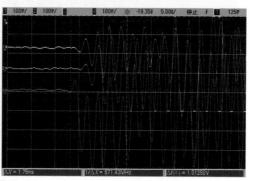

(b) 位置二

图4-9-4 超声波传感器布置位置及示波器波形

在前一步的基础上，红、黄传感器位置不变，将绿色传感器放置在5023隔离开关靠电压互感器侧盆式绝缘子上。由图4-9-4（b）可知，绿色传感器波形与黄色传感器波形基本重合，说明信号源位于两传感器之间的区域内。

综合分析以上定位结果，判断5023隔离开关局部放电信号源位图4-9-5所示红色圆圈区域内。

图 4-9-5　5023 隔离开关局部放电信号源区域

3. 解体检查及结论

3 月 23 日，解体 5023 隔离开关发现 A 相气室内壁存在大量白色粉末，如图 4-9-6 所示。

(a) 气室内壁处粉末　　　　　(b) 气室顶部、线路 TV 屏蔽罩处粉末

图 4-9-6　5023 隔离开关 A 相气室粉末

擦除隔离开关动静触头及导杆上附着的白色粉末，可见静触头触指氧化变色，动触头导杆端部烧蚀痕迹严重，端部直径变小，与正常相动静触头对比如图 4-9-7 和图 4-9-8 所示。由图可知，正常相导杆插接深度为 3cm，而 A 相导杆插接深度为 1cm，动触头导杆仅进入屏蔽罩和触指搭接。进一步清理气室内部附着的粉末，可见盆式绝缘子及绝缘拉杆外表光洁，未发现明显放电点。

502 间隔自 2020 年 1 月以来，仅 4 月底短暂投入运行，其余时间处于热备用状态。

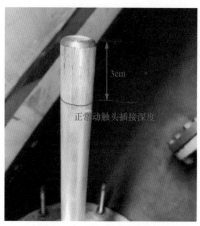
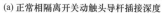
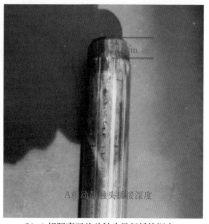

(a) 正常相隔离开关动触头导杆插接深度   (b) A相隔离开关动触头导杆插接深度

图4-9-7 正常相/A相隔离开关动触头导杆插接深度对比

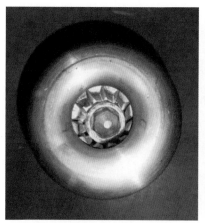
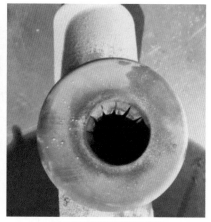

(a) 正常相隔离开关静触头外观   (b) A相隔离开关静触头外观

图4-9-8 正常相/A相隔离开关静触头外观对比

综上分析，可得出以下结论：①与正常相相比，5023隔离开关A相动静触头插接深度不够，导致运行中接触不良发热进而烧蚀导杆，气室内部白色粉末推断为动触头导杆烧蚀分解后的产物。②烧蚀发生后，动静触头间隙进一步增大，加剧接触不良程度。在热备用运行方式下出现动静触头电位不一致的情况，引起悬浮放电，如图4-9-9所示，该结论与特高频局部放电测试图谱及定位情况相吻合。

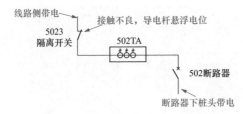

图4-9-9 热备用状态下502间隔内设备带电情况示意图

4. 处理措施

更换5023隔离开关盆式绝缘子、绝缘拉杆、动静触头；对气室内部的浮尘、白色粉末产物进行全面清理；检查隔离开关插接触指弹簧状态是否良好，保证动静触头插接可靠；检查隔离开关操动机构并进行维护保养。处理后502间隔GIS通过整体回路电阻测试，局部放电检测无异常。

● **4.9.5 监督意见及要求**

（1）对该型号GIS隔离开关开展带电检测，若有异常应立即停电处理。

（2）在设备监造、抽检和验收过程中加强对开关类设备动静触头插接情况的把关，防止因厂家设计制造、设备安装不到位而产生缺陷。

（3）设备投运后，应加强巡视和带电检测，及时发现设备潜在隐患，防止电网事故发生。

4.10 110kV GIS母线支柱绝缘子浇筑工艺不良导致气隙放电分析

● 监督专业：电气设备性能　● 设备类别：GIS

● 发现环节：运维检修　● 问题来源：设备制造工艺

● **4.10.1 监督依据**

Q/GDW 1168—2013《输变电设备状态检修试验规程》

● 4.10.2 违反条款

依据 Q/GDW 1168—2013《输变电设备状态检修试验规程》表26规定，GIS特高频局部放电和超声波局部放电检测结果应无异常。

● 4.10.3 案例简介

2017年4月，试验人员对某110kV变电站GIS设备开展局部放电带电检测，发现110kV GIS设备存在特高频异常放电信号，且具有典型放电图谱特征。经进一步精确定位及诊断分析，确认放电缺陷位于母线支柱绝缘子处。经解体检查，判断110kV Ⅰ、Ⅱ母线支柱绝缘子浇注工艺不良，金属嵌件与环氧树脂之间存在气隙，运行过程中发生气隙放电。

该GIS设备型号为ZF5-126，2000年3月出厂，2000年12月投运。

● 4.10.4 案例分析

1. 特高频局部放电检测

分别对5×24间隔、5×14间隔、500间隔、502间隔及504间隔进行特高频局部放电检测，检测图谱分别如图4-10-1~图4-10-5所示，检测背景图谱如图4-10-6所示。

根据以下测试图谱可知：

（1）特高频信号存在于所有间隔。在110kV GIS设备区5×14TV、5×24TV、502、504以及500间隔均检测出特高频局部放电信号。

（2）缺陷类型为气隙放电缺陷特征。由以上图谱可知，图谱上一个周期内有两簇信号，放电幅值分散，放电相位较为稳定，无明显极性效应，具有气隙放电缺陷特征。

2017及2018年特高频局部放电测试对比结果如表4-10-1所示，2018年跟踪测试数据与2017年相比，5×24间隔、5×14间隔测试最大值有少许增长。

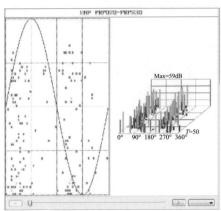
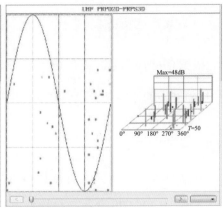

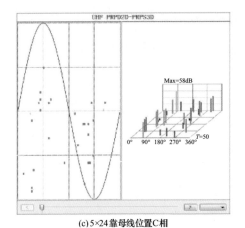

(c) 5×24靠母线位置C相

图4-10-1　5×24间隔特高频检测PRPD图谱

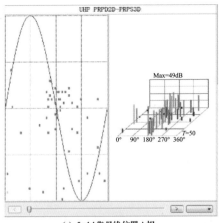
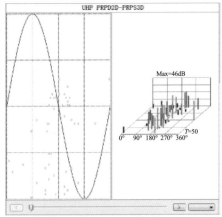

(a) 5×14靠母线位置A相　　　　　　　　　(b) 5×14靠母线位置B相

图4-10-2　5×14间隔特高频检测PRPD图谱（一）

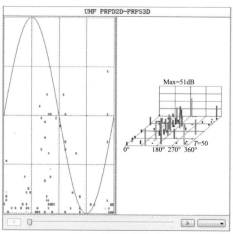

(c)5×14靠母线位置C相

图4-10-2 5×14间隔特高频检测PRPD图谱（二）

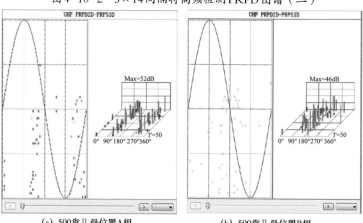

(a) 500靠Ⅱ母位置A相　　　(b) 500靠Ⅱ母位置B相

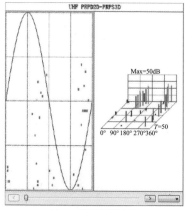

(c) 500靠Ⅱ母位置C相

图4-10-3 500间隔特高频检测PRPD图谱

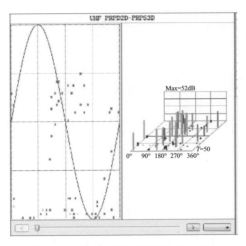

图 4-10-4　502 靠母线侧 PRPD 图谱

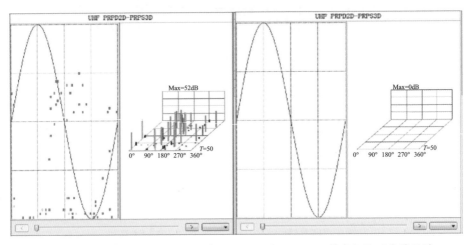

图 4-10-5　504 靠母线侧 PRPD 图谱　　　　图 4-10-6　特高频检测背景图谱

▼ 表 4-10-1　　　　　　　　　　特高频局部放电测试对比结果　　　　　　　　　　dB

年份	5×24 间隔	5×14 间隔	500 间隔	502 间隔	504 间隔
2017	52	38	56	53	54
2018	57	49	52	52	36

2. 缺陷定位分析

（1）5×24 间隔定位分析。采用电 – 电定位法对 5×24 间隔缺陷进行定位分析，定位测试现场及测试数据如图 4-10-7 所示。示波器多周期图谱如

图4-10-8所示。

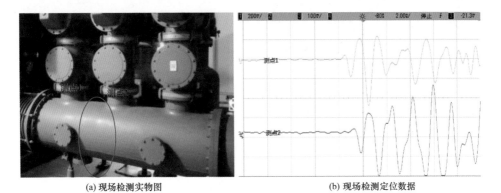

(a) 现场检测实物图　　　　　　　(b) 现场检测定位数据

图4-10-7　5×24间隔缺陷定位现场图及检测数据

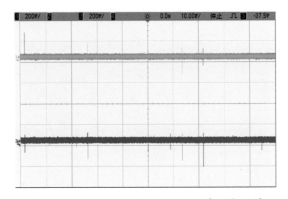

图4-10-8　5×24间隔示波器检测多周期图谱

由图4-10-7（b）可知，测点1超前测点2约1ns，结合母线GIS内部结构，计算放电缺陷位于5×24间隔A、B相之间Ⅱ母支柱绝缘子处，如图4-10-7（a）中红色圈中所示。

（2）5×14间隔定位分析。采用电-电定位法对5×14间隔缺陷进行定位分析，定位测试现场及测试数据如图4-10-9所示。示波器多周期图谱如图4-10-10所示。

由图4-10-9（b）可知，测点1超前测点2约1ns，结合母线GIS内部结构，计算放电缺陷位于5×14间隔A、B相之间Ⅰ母支柱绝缘子处，如图4-10-9（a）中红色圈中所示。

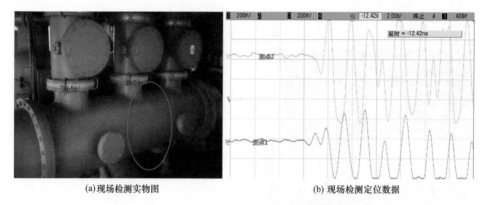

(a)现场检测实物图　　　　　　(b)现场检测定位数据

图4-10-9　5×14间隔缺陷定位现场图及检测数据

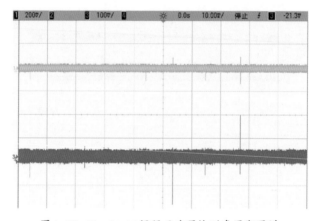

图4-10-10　5×14间隔示波器检测多周期图谱

（3）502间隔定位分析。采用电电定位法对502间隔缺陷进行定位分析，定位测试现场及测试数据如图4-10-11所示。示波器多周期图谱如图4-10-12所示。

由图4-10-11（b）可知，测点1超前测点2约1ns，结合母线GIS内部结构，计算放电缺陷位于502间隔A、B相之间Ⅰ母支柱绝缘子处，如图4-10-11（a）中红色圈中所示。

3. 解体检查及结论

对110kV Ⅰ、Ⅱ母所有（42支）母线支柱绝缘子进行更换，如图4-10-13~图4-10-15所示。在更换下来的母线支柱绝缘子中发现由于浇注工艺不良，金属嵌件与环氧树脂之间存在气隙，支柱绝缘子内部存在明显电树枝，导致运行过程中存在气隙放电现象。

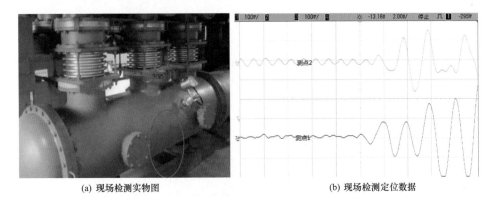

(a) 现场检测实物图　　　　　　　　(b) 现场检测定位数据

图 4-10-11　502 间隔缺陷定位现场图及检测数据

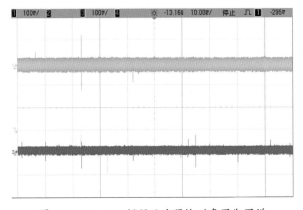

图 4-10-12　502 间隔示波器检测多周期图谱

综上分析，可得出如下结论：110kV Ⅰ 、Ⅱ 母线支柱绝缘子浇注工艺不良，金属嵌件与环氧树脂之间存在气隙，运行过程中产生气隙放电，严重时可能会造成母线闪络故障。在特高频局部放电检测中，5×24 间隔母线处 A、B 相之间支柱绝缘子气隙放电；5×14 间隔母线处 A 相与 5021 C 相之间第一个法兰处支柱绝缘子存在气隙放电；5021 A 相支柱绝缘子存在悬浮放电现象。通过更换所有 110kV 母线支柱绝缘子，成功避免一起可能由母线支柱绝缘子内部放电造成 GIS 母线闪络甚至设备爆炸的严重事故。

 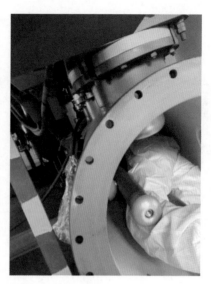

图4-10-13　内部放电的支柱绝缘子　　图4-10-14　母线支柱绝缘子现场更换

图4-10-15　更换后的支柱绝缘子

● 4.10.5　监督意见及要求

（1）加强GIS设备特高频、超声波、红外测温及气体检测等带电检测工作，及时发现设备异常放电隐患。

（2）生产厂家应按照设计图纸和生产工艺要求，加强生产的过程控制，杜绝不良产品出厂。严格按照《国家电网有限公司十八项电网重大反事故措施》开展GIS绝缘件局部放电检测，要求在试验电压下单个绝缘件的局部放电量不大于3pC。

（3）新设备投运后，应加强巡视和带电检测，及时发现设备潜在隐患，防止故障发生。

4.11 110kV GIS隔离开关气室SF$_6$漏气缺陷分析

- 监督专业：电气设备性能
- 设备类别：组合电器
- 发现环节：运维检修
- 问题来源：运维检修

4.11.1 监督依据

Q/GDW 1168—2013《输变电设备状态检修试验规程》
《电网设备诊断分析及检修决策》

4.11.2 违反条款

（1）依据Q/GDW 1168—2013《输变电设备状态检修试验规程》5.4.2.6规定，当气体密度表显示密度下降或定性检测发现气体泄漏时，进行气体密封性检测。

（2）依据《电网设备诊断分析及检修决策》7.2中SF$_6$断路器各部件的状态量诊断分析及检修决策规定，SF$_6$断路器两次补气时间间隔小于半年，但大于一个月，应于1年内安排B类检修，进行SF$_6$检漏并处理漏气点，必要时对本体进行解体检修，更换受损部件、气体、吸附剂和密封件。

4.11.3 案例简介

2019年8月16日，某110kV变电站胡云线GIS 5043隔离开关气室SF$_6$压力低告警，该变电站110kV GIS设备胡云线5043隔离开关为2014年12月出厂，型号为ZF10-126/TPS，由于安装工艺、密封质量问题导致SF$_6$气体泄漏。当时现场检查5043气室压力值为0.3MPa（闭锁值/告警值/分闸闭锁值/合闸闭锁值均为0.3MPa，额定值为0.4MPa），且带电检测有明显气体泄漏情况。

● 4.11.4 案例分析

1. 现场检查情况

2019年8月16日，检查胡云线5043隔离开关GIS气室SF_6压力为0.3MPa，2019年8月19日运行人员跟踪检查，发现5043隔离开关气室SF_6压力值降至0.27MPa，有明显下降趋势。检修试验人员通过检测仪进行缺陷查找，检测到5043气室存在泄漏点。

根据检修人员检查，判断胡云线5043隔离开关至穿墙套管三通处GIS存在SF_6泄漏点，为确保设备安全，先将气室气压补至额定压力0.4MPa，待停电后进行处理。

胡云线504断路器及线路转检修后，进行胡云线5043隔离开关气室漏气消缺。

2. 处理流程及分析

（1）人员进场，再次确认漏点，此时气室压力再次降至0.3MPa。

（2）将气室气体抽至真空后，拆开漏气面法兰盖板，发现密封圈已损坏，如图4-11-1所示。

图4-11-1　气室的密封圈

（3）分析原因：一是密封圈质量不可靠，易损坏，无法有效密封气室；二是三通处支撑应力不够，发生错位现象，致使密封圈挤压、撕扯破裂，造成漏气；三是GIS设备安装工艺欠佳。

处理方法：①重塑密封膏，更换密封圈，恢复导体，测量回路电阻（A:58μΩ；B:57μΩ；C:59μΩ）；②在底部加装三通支撑点；③拆下TV清理密封面，封盖板，抽真空（电阻测量范围为三通—直通绝缘子，处理后如图4-11-2所示）。

（4）5043气室抽真空去潮，充新气。

图4-11-2　密封圈处理后

（5）缺陷处理后、耐压试验前的测量微水、分解物、检漏检测，数据合格。

（6）对5043气室进行耐压试验，试验合格。加压程序如表4-11-1所示。

▼ 表4-11-1　　　　　　　　　　　耐压试验程序

耐压类型	加压阶段	施加电压（kV）	时间（min）	结论
老练试验	第一阶段	72.7	5	通过
	第二阶段	126	3	通过
耐压试验（出厂值230kV的80%）	第三阶段	184	1	通过
加压方式：相间及相对地				

（7）恢复TV的安装、5043气室抽真空，补气、检漏、测微水均合格（真空度：60Pa；微水：92μL/L；气室压力：0.4MPa）。

4.11.5 监督意见及要求

（1）加大新入网电气设备的验收和抽检力度，严格把好电气设备质量的关口，做好变电新上设备交接试验管控，保证新上电气设备符合运行要求。

（2）加强同型号设备，尤其是同情况（GIS设备本体支撑不足情况）的运行巡视，及时排除隐患。积极开展红外检漏带电检测，及时发现和解决隐患。

（3）参照《电网设备诊断分析及检修决策》中的处理建议，综合考虑停电影响及检修成本、检修工艺的要求，对由于密封件老化、本体支撑不足导致气体泄漏速度过快的GIS设备，可参考本案例更换气室所有气路密封件。

4.12 110kV GIS密封圈氧化变形导致漏气分析

- 监督专业：电气设备性能
- 设备类别：GIS
- 发现环节：运维检修
- 问题来源：设备制造

4.12.1 监督依据

Q/GDW 1168—2013《输变电设备状态检修试验规程》

4.12.2 违反条款

依据Q/GDW 1168—2013《输变电设备状态检修试验规程》8.1规定，SF_6气体压力报警或补气间隔小于2年时，应开展SF_6气体泄漏检测。

● **4.12.3　案例简介**

2019年10月至2020年12月，某110kV变电站110kV新中线512间隔GIS避雷器气室进行5次补气，且气压下降有明显加快的趋势。2021年3月22日，检修人员对其进行停电检查，发现避雷器气室罐体底座法兰密封圈老化氧化，失去弹性。解体后对法兰边缘、密封圈凹槽进行清洁处理，并更换密封圈，随后对避雷器气室进行重新充气，红外成像检漏设备无气体渗漏现象，对SF_6气体进行湿度、成分和纯度检测，合格后重新投入运行。

● **4.12.4　案例分析**

1. 现场检查情况

2021年3月22日，检修人员与GIS设备厂家人员现场检查512间隔GIS避雷器气室，首先通过SF_6回收装置对512避雷器气室SF_6气体回收至0MPa表压、对512母线侧套管气室回收至额定半压0.2MPa（如图4-12-1所示）。

(a) SF_6回收装置使入　　　　　　　　(b) SF_6气室表压

图4-12-1　SF_6回收装置使用及气室表压

气体回收完毕后，拆卸避雷器气室罐体底部法兰螺栓，并清理螺栓口附近灰尘杂物，防止开罐时杂物进入罐体（如图4-12-2所示）。首先使用钢丝刷进行处理，随后使用吸尘器清理表面，最后用无毛纸巾和酒精进行擦拭。

(a) 清理螺栓   (b) 清理灰尘碎屑

图4-12-2　清理螺栓与灰尘碎屑

拆卸吸附剂罩盖板，并对密封槽和密封面进行清理，对上端避雷器在线监测仪二次接线进行拆除（如图4-12-3所示）。

(a) 清理密封部位   (b) 拆除二次接线

图4-12-3　清理密封部位及拆除二次接线

对罐体底部密封槽和密封面进行清理，首先用无毛纸巾与酒精对其进行擦拭，并使用百洁布处理密封部位，清除氧化物与污渍，观察有无开裂、破损、放电痕迹，并更换密封圈，涂抹硅脂，达到防潮、润滑的作用（如图4-12-4所示），并恢复罐体密封。

(a)清理密封槽、密封面　　　　　　　　(b)涂抹硅脂

图4-12-4　清理密封槽、密封面并涂抹硅脂

更换吸附剂及吸附剂罩密封圈，并对密封部位进行清理（如图4-12-5所示），完成后恢复吸附剂罩。

(a)更换吸附剂及密封圈　　　　　　　　(b)清理密封圈

图4-12-5　更换吸附剂及密封圈并清理

安装完毕后将所有附件回装紧固，采用SF_6回收装置对气室抽真空至76Pa以下并保持1h，合格后对气室补气至额定值。次日，试验人员使用SF_6检漏仪对气室整体以及原漏气点进行检查，均未发现有泄漏现象，且耐压试验合格。

2. 修后气体检测试验

经试验人员检测，对比前后检漏设备结果，显示512气室已无漏气现象，且对充入SF_6气体进行检测。

本次试验类型为例行试验，要求湿度小于等于300μL/L，SO_2含量不超过1μL/L，H_2S含量不超过1μL/L，纯度大于等于97%，检测后气体数据达到标准，如表4-12-1所示。

▼ 表4-12-1 　　　　　　　　　　SF_6气体检测记录表

天气情况		温度（℃）	20
		湿度（%）	40
512避雷器气室	压力值	测前压力（MPa）	0.45
		测后压力（MPa）	0.45
	温湿度	露点温度（℃）	−49.82
		湿度（μL/L）	33.25
	成分含量	SO_2（μL/L）	0
		H_2S（μL/L）	0
		CO（μL/L）	0
	SF_6气体纯度	纯度（%）	97.11

3. 结论

根据解体后检查情况分析讨论，发现密封圈存在氧化变形，推断为密封圈老化变形，弹性不足，导致密封性不佳，气体泄漏。

● 4.12.5　监督意见及要求

（1）加强对同类型批次产品的排查，如发现漏气现象，通过红外检测精确诊断漏气部位，有针对性地制订处理措施，及时进行处理。

（2）加强对GIS设备验收把关，对产品的安装工艺严格把关。

4.13　220kV GIS内断路器液压机构密封泄漏导致频繁打压分析

- ● 监督专业：电气设备性能
- ● 设备类别：GIS
- ● 发现环节：运维检修
- ● 问题来源：运维检修

● 4.13.1　监督依据

《组合电器全过程技术监督精益化管理实施细则》

● 4.13.2　违反条款

依据《组合电器全过程技术监督精益化管理实施细则》运维检修阶段2.5规定，液压（气动）机构是否漏油（气）。

● 4.13.3　案例描述

2019年10月10日，接到现场报告，某220kV变电站立胡线612线路B相断路器液压机构出现频繁打压现象，约每2min打压一次。所属供电公司立即与厂家取得联系，确定机构更换处理方案，并紧急安排专车将备用机构运往现场，同时要求厂家安排服务人员赶赴现场处理。10月12日完成机构更换及机械特性试验，10月13日顺利投运。更换下来的机构返厂，经对机构重新保压、拆查分析，发现主缸体内主阀侧的密封堵头密封圈损坏，造成该处快速泄漏。

● **4.13.4 案例分析**

1. 解体分析

（1）储能保压测试。机构储能很慢且储能时间很长，停止储能后，机构泄压明显。

（2）拆查过程分析。首先，将油箱打开，再次给机构储能，同时观察机构内的泄漏点，发现从上密封套压板下冒出大量气泡，可以断定机构的泄漏点为该处密封存在异常。如图4-13-1所示，打开压板，取出上密封套，检查上密封套无异常。

图4-13-1　解体分析上密封套无异常

取出该处密封堵头，发现密封堵头的密封圈及白色挡圈均存在异常，外侧白色挡圈边缘缺少一部分，如图4-13-2所示，在白色挡圈边缘缺少一部分的部位，对应的密封圈有损坏（表面毛糙）。

为进一步验证，将该密封堵头的密封圈及白色挡圈更换，重新装配到机构上，并给机构储能，泄压现象消除。因此，机构的泄漏点就是密封堵头的密封圈。

图4-13-2 解体分析发现密封圈有损坏

2. 原因分析

断路器液压原理如图4-13-3所示，当机构处于合闸满能状态（运行状态）时，工作缸下腔为高压油，如果堵头处的密封失效，则高压油会从堵头处渗漏至低压油箱，导致内部泄漏，表现出来就是频繁打压。因机构系统油压高达55MPa，只用O形密封圈不能满足这种高油压，所以为了提高O形密

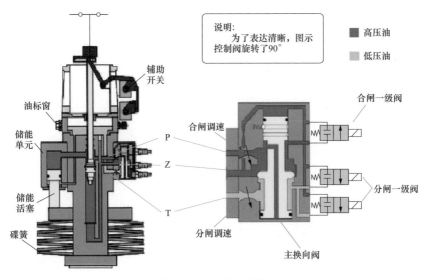

图4-13-3 原理分析

封圈的耐高压能力，采用白色聚四氟乙烯挡圈与O形密封圈配对使用的方式。该堵头上的白色聚四氟乙烯挡圈和与其配对使用的O形密封圈均有损坏，这是由于装配人员在装配堵头时，未严格对正装配，造成白色聚四氟乙烯挡圈挤伤，降低了O形密封圈耐高油压能力，在分合操作冲击和高油压的长期压力下，O形密封圈失去了挡圈的保护作用后出现损坏（局部毛糙），造成机构快速泄漏。

4.13.5 监督意见及要求

（1）使用专用工装。设计制造专用工装，收紧密封堵头上的挡圈，防止挤圈。该工装已从2016年开始使用，使用至今，效果良好。

（2）开展专项检查。本次异常为装配操作的疏漏，严格控制装配工艺，保证装配的对正度，防止装配过程中发生挤圈现象。要求专人专干，装配时要用手劲轻轻推装到位，不得敲击，不得出现挤伤、划伤等异常。将进一步加严检验，指定专人清洗、专人试验、专人保压，指定专职检查人员管控装配和试验过程，加大质量考核力度，时刻警醒细节的重要性，避免因细节疏漏导致异常现象的发生。

4.14 110kV GIS 电缆终端局部放电缺陷分析

- 监督专业：电气设备性能
- 设备类别：电缆附件
- 发现环节：运维检修
- 问题来源：设备制造

4.14.1 监督依据

《电力设备带电检测技术规范》（国家电网生变电〔2010〕11号）

《国家电网公司变电检测管理规定（试行） 第3分册 高频局部放电检测细则》

4.14.2 违反条款

（1）依据《电力设备带电检测技术规范》（国家电网生变电〔2010〕11号）10.3规定，超声波局部放电检测时，数值应不大于5dB。

（2）依据《国家电网公司变电检测管理规定（试行） 第3分册 高频局部放电检测细则》附录B规定了高频局部放电检测的典型图谱。

4.14.3 案例描述

2018年10月，某110kV变电站开展GIS带电局部放电时，发现1回110kV出线间隔电缆终端气室特高频、超声波局部放电异常。经复测，超声波信号连续图谱具有明显的100Hz相关性，相位图谱在一个周期内具有两簇明显的集聚，且打点在不同幅值范围内均有分布，初步判断该电缆终端内部A、B相存在绝缘类放电缺陷。经现场解体检查发现，电缆终端附件制造工艺不良，环氧套筒与金属导杆之间存在间隙，引发气隙放电，更换三相环氧套筒及导电杆后，局部放电复测正常。

电缆附件型号为CNYJZGGCD-64/110，2015年6月出厂，2015年12月投运。

4.14.4 案例分析

1. 带电检测数据分析

电缆终端气室特高频、超声波局部放电测试情况如下。

（1）特高频测试情况。根据图4-14-1中PRPS及PRPD图谱可知，一个周期内有两簇信号集聚，其中PRPD图谱在不同幅值范围内均有分布，具有悬浮电位放电或绝缘类放电缺陷特征。

根据图4-14-2可知，在一个周期内有两簇放电信号集聚，且每簇均由多根幅值不等的信号组成，比较类似绝缘类放电缺陷特征。

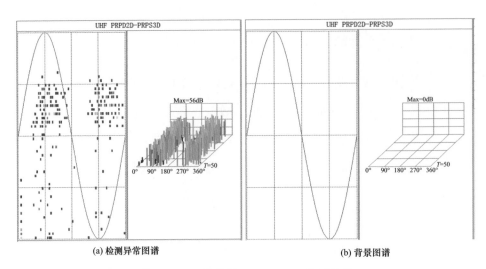

(a) 检测异常图谱　　　　　　　　　　(b) 背景图谱

图4-14-1　特高频PRPD/PRPS检测图谱

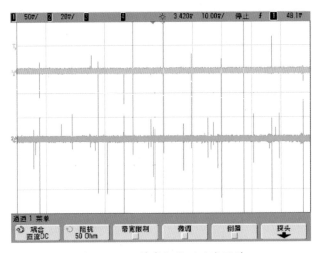

图4-14-2　特高频检测时域图谱

（2）超声波检测情况。超声波信号检测位置如图4-14-3所示，检测发现A、B相电缆终端处存在超声波异常信号。A相电缆终端超声波信号图谱如图4-14-4所示，B相电缆终端超声波信号图谱如图4-14-5所示，C相电缆终端超声波信号图谱与背景图谱一致，背景图谱如图4-14-6所示。

由图4-14-4、图4-14-5超声波信号图谱可知，超声波信号连续图谱具有明显的100Hz相关性，相位图谱在一个周期内具有两簇明显的集聚，且打点在不同幅值范围内均有分布，具有绝缘类放电缺陷特征。综上分析，间隔电缆终端存在绝缘类局部放电。

图4-14-3 超声波检测部位

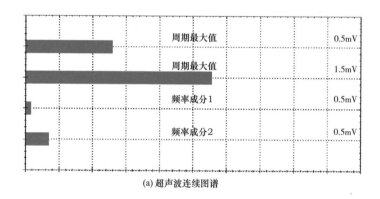

(a) 超声波连续图谱

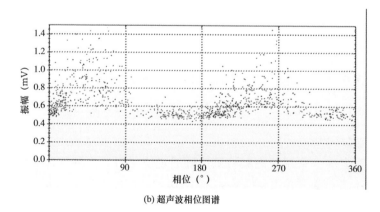

(b) 超声波相位图谱

图4-14-4 A相电缆终端超声波信号图谱

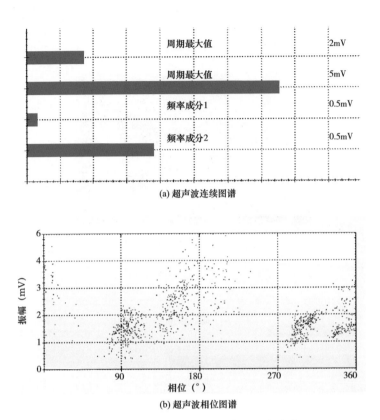

(a) 超声波连续图谱

(b) 超声波相位图谱

图 4-14-5　B 相电缆终端超声波信号图谱

（3）特高频定位检测。采用特高频定位仪器，对检测到的特高频信号进行了定位分析，判断特高频信号来源。特高频平面定位分析检测位置示意图如图 4-14-7 所示，其中黄色传感器与绿色传感器距离为 120cm。

根据图 4-14-7 所示的各检测位置，检测到的时延定位图谱分别如图 4-14-8~图 4-14-10 所示。三个测试位置中黄色传感器信号基本均超前绿色传感器信号 4ns 左右。

在垂直方向上采用特高频检测法开展定位分析，检测位置如图 4-14-11 所示，两传感器垂直方向距离为 90cm。检测到信号时延定位图谱如图 4-14-12 所示，黄色传感器信号超前绿色传感器信号约 3ns。

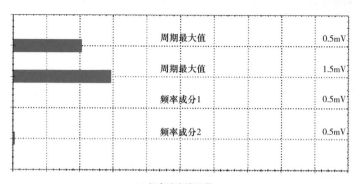

周期最大值		0.5mV
周期最大值		1.5mV
频率成分1		0.5mV
频率成分2		0.5mV

(a) 超声波连续图谱

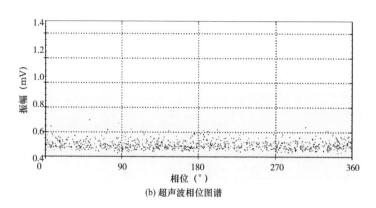

(b) 超声波相位图谱

图4-14-6　超声波检测背景图谱

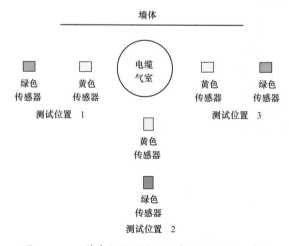

图4-14-7　特高频平面定位分析测试位置示意图

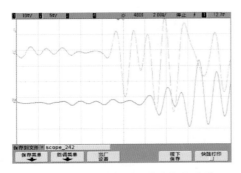

图4-14-8　测试位置1时延定位图谱

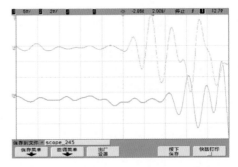

图4-14-9　测试位置2时延定位图谱

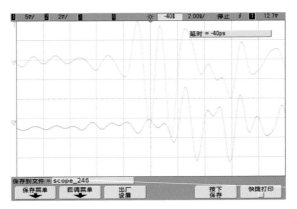

图4-14-10　测试位置3时延定位图谱

图4-14-11　现场垂直方
向定位检测示意图

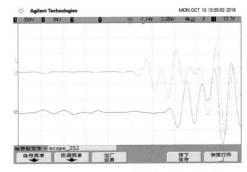

图4-14-12　现场垂直定位检测图谱

（4）高频电流定相分析。采用高频电流法进行定相，检测三相高频电流
如图4-14-13所示。

缺陷定位分析：

　　根据图4-14-3~图4-14-5可知，超声波检测仅在A、B相电缆终端检测到超声波异常信号，C相电缆终端检测信号与背景信号相同，说明缺陷很可能发生在A、B两相。

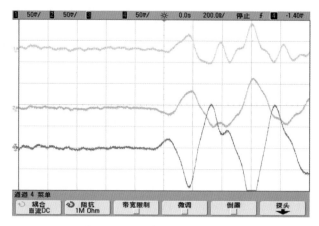

图4-14-13　高频电流检测图谱

　　图4-14-8~图4-14-10中黄色传感器信号超前绿色传感器大约4ns，根据特高频传播速度计算，两传感器间计算距离大概为120cm，计算距离与三个测试位置两传感器间实际距离基本相同；图4-14-12中黄色传感器信号超前绿色传感器信号3ns左右，根据特高频传播速度计算，两传感器间计算距离大概为90cm，计算距离与三个测试位置两传感器间实际距离基本相同。根据图4-14-7三个测试位置平面定位示意图及图4-14-11垂直方向测试示意图可知，可以排除特高频信号来自外部干扰的可能，检测到的特高频异常信号很可能来自电缆终端。

　　根据图4-14-13可知，A、B相高频电流相位相同，且与C相高频电流相位相反，则可能是C相存在缺陷或A、B相同时存在缺陷，结合超声波检测可知，A、B相同时存在缺陷的可能性较大。结合特高频、超声波及高频电位定位定相分析，可判断该间隔电缆终端A、B相存在放电缺陷。

2. 现场检查与处理

2018年10月下旬，对该间隔电缆气室开展停电解体检修，现场解体后检查如图4-14-14和图4-14-15所示。

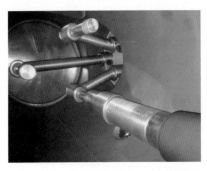

缺陷点：环氧套筒与金属导电杆外部对接处存在大小不一的间隙

图4-14-14 电缆终端GIS气室解体检查（正常）　　图4-14-15 C相电缆终端环氧套筒外表检查（异常）

经解体检查，电缆终端GIS气室内无异常（如图4-14-14所示），电缆终端A、C相环氧套筒外部及内部与金属导电杆部位均存在大小不一的气隙（如图4-14-15所示），其后厂家对三相环氧套筒及导电杆全部进行了更换，对处理后的电缆终端进行耐压、局部放电检测正常。

● **4.14.5 监督意见及要求**

（1）每年应定期开展GIS带电局部放电检测，密切关注GIS各气室、电缆终端等部位测试信号的变化，若出现局部放电信号且有增大趋势，应尽快复诊定性，必要时停电解体检修。

（2）开展GIS带电检测缺陷查找时，应采取特高频、超声波及接地高频电流等多种手段进行综合分析，并结合开展SF_6气体湿度和成分测试，综合分析缺陷原因。

（3）加大新入网GIS电缆附件的出厂、交接验收和抽检力度，重点关注各部件的耐压、局部放电是否满足要求，严格把好电气设备质量的关口，做好新设备的交接验收，保证新设备符合运行要求。

4.15 110kV GIS局部放电检测异常分析

- 监督专业：电气设备性能
- 设备类别：GIS组合电器
- 发现环节：运维检修
- 问题来源：运维检修

4.15.1 监督依据

Q/GDW 1168—2013《输变电设备状态检修试验规程》

4.15.2 违反条款

依据Q/GDW 1168—2013《输变电设备状态检修试验规程》5.9.1.1规定，GIS巡检及例行试验项目中特高频局部放电检测（带电）无异常放电。

4.15.3 案例简介

2019年5月6日，试验人员对某110kV变电站GIS进行局部放电检测，超声波检测未发现异常，特高频检测到502间隔存在异常放电信号。经过诊断信号源定位于110kV早高线502间隔5023隔离开关A相气室，为悬浮放电类型，幅值为1.2V左右，放电幅值较大，缺陷较为严重。该GIS间隔设备型号为ZF4-110SF6，出厂时间为2000年5月。

2019年7月9日，对110kV早高线502间隔5023 A相隔离开关气室进行解体检修，发现5023 A相隔离开关绝缘拉杆拐臂位置存在黑色放电痕迹，用白布擦拭有黑色金属粉末掉落，于是将5023 A相气室两个盆式绝缘子、绝缘拉杆更换。7月13日，试验人员对5023气室进行老练、交流耐压试验，在运行电压下对502间隔进行了超声波及特高频带电检测，试验数据均合格。

4.15.4 案例分析

1. 110kV早高线502间隔超声波及特高频普测数据分析

对110kV早高线502间隔进行超声波及特高频局部放电测试，未检测到异常超声波信号，但在该间隔各个盆式绝缘子及周围空间中都检测到异常特高频信号，测试数据如图4-15-1和图4-15-2所示。

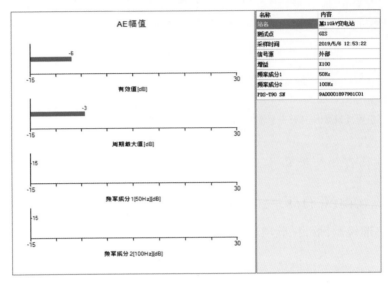

图4-15-1 超声波幅值图谱

如图4-15-1所示，AE检测幅值与背景幅值大小一致，整个间隔未发现超声波异常。

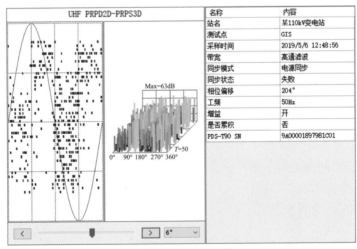

(a)特高频PRPD/PRPS图谱

图4-15-2 特高频图谱（一）

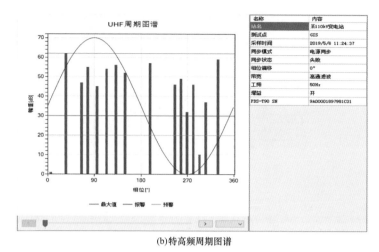

(b)特高频周期图谱

图4-15-2 特高频图谱（二）

如图4-15-2所示，特高频PRPD/PRPS及周期图谱具有局部放电特征，脉冲数较密集，且在GIS室内空间均能检测到该信号，每周期出现主要为两簇，为63dB。在PRPD图中，每一簇上下的点的聚集分布有明显错位现象，存在两个局部放电信号叠加的可能，初步判断为悬浮信号的概率较大，需要使用G1500定位分析诊断仪器进一步分析。

2. 110kV早高线502间隔诊断分析

在110kV早高线502间隔上各个盆式绝缘子及空间中都检测到异常特高频信号，利用特高频时差定位法，逐步排查，定位局部放电源位置。

（1）信号来源方向。将黄色、红色传感器放置在110kV早高线502间隔5023隔离开关左右两侧的盆式绝缘子上，绿色传感器放置在断路器侧盆式绝缘子上，其中黄、红传感器之间间距约0.7m。传感器放置位置如图4-15-3所示。

定位波形如图4-15-4所示，在同一张图谱中，黄色波形超前红色波形800ps，约0.24m，小于两传感器之间的距离；黄色波形超前绿色波形3.55ns，大于两传感器之间距离，说明信号在黄色传感器一侧。综合以上两点，说明信号来源位于5023隔离开关气室。

图4-15-3 传感器放置位置示意图

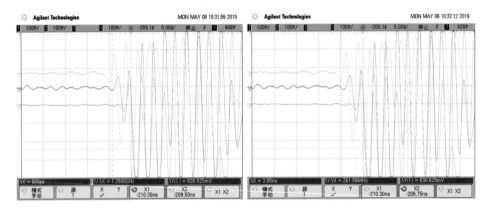

图4-15-4 示波器显示波形

（2）排除外界干扰。为排除信号为外界干扰的可能，重新布置传感器位置，将绿色传感器放置在110kV早高线502间隔附近的空气中，黄、红色传感器位置不变，传感器放置位置如图4-15-5所示。

定位波形如图4-15-6所示，黄色波形依然超前红色波形，时差基本相等，即与上一步为同一信号源，且绿色波形明显滞后黄色、红色波形，说明信号源位于5023隔离开关内部，非外部干扰信号。

（3）排除相间干扰。为排除信号为相间干扰可能，再次布置传感器位置，将绿色传感器放置在110kV早高线502间隔5023隔离开关B相的盆式绝缘子上，黄、红色传感器位置不变，传感器放置位置如图4-15-7所示。

定位波形如图4-15-8所示，黄色波形依然超前红色波形，时差基本相等，即与上一步为同一信号源，且绿色波形明显滞后黄色、红色波形，说明信号源位于5023隔离开关A相内部，非相邻相信号干扰。

图4-15-5 传感器放置位置示意图

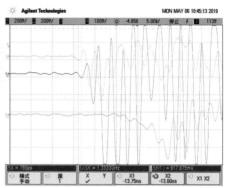

图4-15-6 示波器显示波形

图4-15-7 传感器布置位置

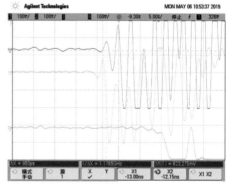

图4-15-8 示波器显示波形

根据以上几个步骤的定位结果综合分析，第一处局部放电信号源定位于110kV早高线502间隔5023隔离开关A相气室内部，即如图4-15-9所示红色方框区域内。

（4）放电类型分析。对局部放电源进行放电类型分析，黄色传感器检测到局部放电信号如图4-15-10所示。图中的脉冲主要为单根出现，每半个周期内，有时一根脉冲，有时两根脉冲。信号幅值为1.2V左右，幅值较大，判断为悬浮放电类型。

图4-15-9　502间隔5023隔离开关放电源区域

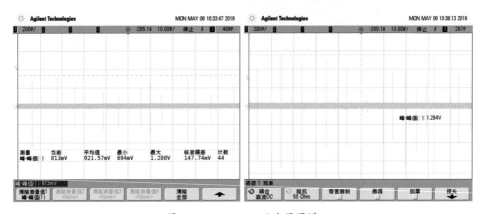

图4-15-10　10ms示波器图谱

3. 综合分析及后续处理

通过对110kV早高线502间隔进行局部放电检测，发现502间隔各气室均存在异常特高频信号。经过定位分析，异常信号位于5023 A相隔离开关位置，放电类型为悬浮放电，且幅值较大，缺陷较严重，悬浮放电长期发展会使金属部件烧灼产生金属粉尘，金属粉尘散落在GIS内部会形成颗粒放电，严重情况下可能产生闪络。建议对此缺陷及时停电检修处理，消除隐患，保障设备安全稳定运行。

2019年7月9日，对110kV早高线502间隔5023 A相隔离开关气室进行解体检修，处理异常放电缺陷。解体发现5023 A相隔离开关绝缘拉杆与拐臂连接位置存在黑色放电痕迹，用白布擦拭有黑色金属粉末掉落。如图4-15-11

和图4-15-12所示。

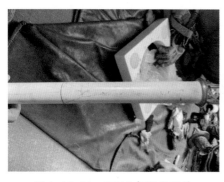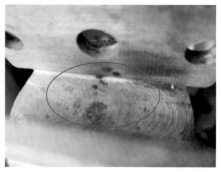

图4-15-11 5023A相隔离开关　　　图4-15-12 绝缘拉杆与拐臂连接处放电
　　　　　绝缘拉杆　　　　　　　　　　　　　　痕迹

拉杆金属部分有三组孔，左右两个孔安装滑轮后起防止拉杆运行时偏移的作用，中间的孔安装插销后通过连板与拐臂连接，操动机构通过一系列的机械传动实现断口的分合。如图4-15-13和图4-15-14所示。

图4-15-13 绝缘拉杆金属连接部位　　　图4-15-14 绝缘拉杆安装后示意图

插销将绝缘拉杆金属部分与连板连接，金属连板为地电位，因连板与绝缘拉杆金属部位接触不好，绝缘拉杆金属部位在电场中产生的静电感应与连板之间存在电位差，故产生悬浮放电。

7月12日，将5023 A相气室两个盆式绝缘子、绝缘拉杆更换，对气室内各个金属连接部位进行重新紧固。检修完待微水检测合格后，7月13日试验人员对5023气室进行老练、交流耐压试验，在运行电压下对502间隔进行了超声波及特高频带电检测，试验数据均合格。

● 4.15.5 监督意见及要求

（1）加强对GIS的带电检测力度，在迎峰度夏前及迎峰度夏中均应安排进行检测。建立GIS带电检测数据库，缺陷跟踪表，在大负荷期间进行有目的的跟踪检测，发现危机缺陷及时组织缺陷分析，严重缺陷应安排计划检修。

（2）提高检修质量，修必修好。确保检修后的设备投运后不再出现因检修质量不到位而产生缺陷的情况。

（3）加强对基建阶段的监督力度，对重要设备的安装工艺及重要试验项目应派技术人员现场旁站，确保设备零缺陷投运。

5 高压开关柜技术监督典型案例

5.1 35kV开关柜接地扁铁距离穿墙套管过近导致异常放电的分析

- 监督专业：电气设备性能
- 设备类别：穿墙套管
- 发现环节：运维检修
- 问题来源：设备安装

● 5.1.1 监督依据

《电力设备带电检测技术规范（试行）》

● 5.1.2 违反条款

依据《电力设备带电检测技术规范（试行）》第11条规定，超声波检测无典型放电波形或音响，且数值不超过8dB；暂态地电压测试相对值不超过20dB。

● 5.1.3 案例简介

2021年3月27日14时，运维人员巡视期间发现某35kV变电站35kV高压室内有异常放电声响，随即联系电气试验人员开展开关柜局部放电检测。通过超声波局部放电检测，初步判定放电部位在35kV吉猫线404过桥母线室内，如图5-1-1所示。

图5-1-1 异常声响来源

● 5.1.4 案例分析

1. 带电监测情况

对35kV开关柜进行暂态地电压及超声波测试，均未检测到异常信号，可以确定放电部位不在开关柜内；对各出线过桥母线室进行带电检测，在吉猫线404过桥母线室靠出线套管侧检测到了明显局部放电异常信号。

2. 停电试验诊断情况

在初步确定放电部位后，试验人员立即申请对吉猫线间隔停电检修。

3. 外观检查

35kV吉猫线及断路器由运行转检修后，检查发现穿墙套管靠法兰部位外表面有电晕放电造成的污迹，穿墙套管A相处放电痕迹较为明显，套管外表面有放电造成的晶状物体附着在上面，并伴有石灰状物体，套管旁的接地扁铁表面有放电造成的轻微腐蚀。

4. 交流耐压试验

对A相过桥母线及穿墙套管进行交流耐压试验。当试验电压升至21kV时，出现放电声音，放电声音随着试验电压升高而逐步增强。当试验电压升至24kV时，关闭高压室内照明灯，发现套管法兰根部与附近的接地螺栓间有明显的放电火花，电压逐步升高，火花愈加明显。当升至76kV时，套管法兰根部有一光圈。对其他两相进行试验时，现象相似，仅放电起始电压不同，如表5-1-1所示。

▼ 表5-1-1　　　吉猫线404穿墙套管交流耐压试验明显放电起始电压

温度（℃）	湿度（%）	相别	明显放电起始电压（kV）	耐压结果
16	73	A	24	不合格
		B	35	不合格
		C	50	不合格

5. 现场处理过程

从现场检查及试验结果看出，A相穿墙套管右下角的接地扁铁距离穿墙套管过近且存在尖端放电。检修人员将接地扁铁换为铜编织袋，并将接地螺栓打磨倒角，如图5-1-2所示。放电现象得到明显改善，人耳已听不到任何声响，仅能通过仪器检测到微弱信号，超声波局部放电幅值只有25dB，如图5-1-3所示。

图5-1-2　处理后的A相套管图

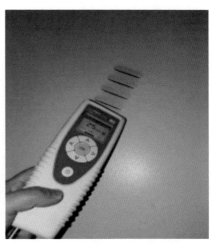

图5-1-3　超声波局部放电测试图

6. 分析与结论

（1）设备基本信息。35kV吉猫线404穿墙套管型号为CWB-35，2008年7月出厂，已运行13年。CWB-35型穿墙瓷套管是由瓷件、导电杆、两端金属附件及安装法兰装配而成，如图5-1-4所示。

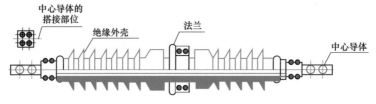

图 5-1-4　纯瓷穿墙套管结构图

（2）放电过程分析。查阅相关资料及现场检查发现，该型套管固体介质处于极不均匀电场中，且电场强度垂直于介质表面的分量要比平行于表面的分量大得多，是一种典型的电场具有强垂直介质表面分量的绝缘结构，如图5-1-5所示。

为了提高该型套管导杆表面发生电晕和法兰周围发生电晕、滑闪放电的起始电压，在结构上采取均压措施。将靠近法兰部位的瓷壁及两边的伞(棱)适当加大、加厚，在瓷件焙烧前于瓷套内和法兰附近以及靠近法兰的第一个伞(棱)上均匀涂上一层半导体釉，经焙烧后使半导体釉牢固地接合在瓷壁上，并通过接触片使导体与瓷壁短路，这样就大大改善了电场分布，防止了套管内腔发生放电，提高了滑闪放电电压。

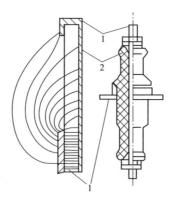

图 5-1-5　穿墙套管电场分布图

1—电极；2—固体介质

由于穿墙套管安装板的厚度在2cm左右，高电位的母线导体从地电位的安装板内穿过，电荷在法兰安装板的圆孔处聚集，使此处的电场过度集中，趋近空气最大击穿场强，容易出现局部放电现象。

同时，该穿墙套管法兰周围的接地扁铁尖端由于距离过近，使套管周围的不均匀电场畸变更加严重，如图5-1-6所示。随着空气湿度的增大，空气的击穿场强相对变小，套管法兰部位的电场场强超过空气的击穿场强，空气被击穿，放电通道被不断扩展，人耳听到明显的放电声响。

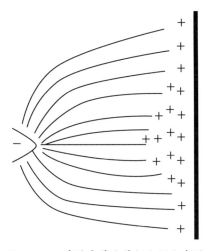

图5-1-6　穿墙套管安装板电场分布图

（3）结论。参考系统内事故案例、相关单位研究成果，综合分析认为吉猫线404穿墙套管附近的金属尖端是此次异常放电的主要原因。对接地扁铁尖端处理之后，局部放电现象虽有改善，但仍存在，说明套管绝缘子釉质已受损。于2021年5月7日进行更换，耐压及局部放电试验合格。

● 5.1.5　监督意见及要求

（1）加强对高压室空调及除湿机的运行维护，若出现空调及除湿机开启高压室湿度仍然超标的现象应查明原因。

（2）结合春季专业化巡检及迎峰度夏工作，加强对开关柜及过桥母线室的带电检测工作，及时发现缺陷，消除隐患。

5.2 35kV开关柜受潮导致超声局部放电异常分析

- 监督专业：电气设备性能
- 设备类别：开关柜
- 发现环节：运维检修
- 问题来源：运维检修

● 5.2.1 监督依据

Q/GDW 1168—2013《输变电设备状态检修试验规程》

《电力设备带电检测技术规范（试行）》

● 5.2.2 违反条款

（1）依据 Q/GDW 1168—2013《输变电设备状态检修试验规程》5.12.2.3 规定，一般检测频率在 20~100kHz 的信号。若有数值显示，可根据显示的分贝（dB）值进行分析；对于以毫伏（mV）为单位显示的仪器，可根据仪器生产厂建议值及实际测试经验进行判断。

（2）依据《电力设备带电检测技术规范（试行）》第11条规定，超声波检测无典型放电波形或音响，且数值不超过8dB；暂态地电压测试相对值不超过20dB。

● 5.2.3 案例简介

2021年1月13日，某供电公司电气试验班在某110kV变电站开展春季特巡过程中发现2号主变压器420间隔开关柜后上、后下柜门超声波和暂态地电波异常，其后上柜门超声波和暂态地电波测量数值分别为27、21.5dB，后下柜门分别为23.6、21dB，明显高于背景值（关闭室内灯光和空调、除湿机后的超声波背景值为0dB，TEV背景值为11.7dB），呈现出周期性的放电波形，如图5-2-1所示，并伴随有明显的放电声。特巡人员判断该柜内部有严重缺陷，并立即进行上报。

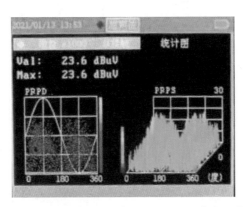

图5-2-1 变电站420开关柜后下柜门超声波测量图

● **5.2.4 案例分析**

1. 现场检查情况

2021年3月1日，变电检修公司对该柜进行停电开柜检查。检查发现：A相TA连接板螺栓处严重生锈，如图5-2-2所示；支撑绝缘子由于污秽出现不同程度的沿面放电痕迹，如图5-2-3所示；热缩套表面脏污严重，如图5-2-4所示；电流互感器表面有大量水珠，如图5-2-5所示。此外还检查了断路器和隔板，运行状况较好，如图5-2-6和图5-2-7所示。

图5-2-2 A相TA连接板螺栓处锈蚀

图5-2-3 绝缘套表面放电痕迹

图5-2-4 绝缘套表面脏污

图5-2-5 绝缘套表面含有水珠

图5-2-6 断路器检查

图5-2-7 隔板检查

2. 缺陷处理及原因分析

变电检修公司检修人员立即对A相TA连接板螺栓处进行除锈处理，并用酒精擦拭三相绝缘套表面，除去表面污秽和水珠，同时对隔板进行检查、清理和位置矫正，以排除隔板与刀口出现的放电影响。电气试验人员对处理后的TA、避雷器、断路器进行了绝缘和耐压试验，试验过程中未发生放电现象，试验结果均达到要求。处理后设备绝缘性能恢复到正常运行水平如图5-2-8和图5-2-9所示。

该开关柜内缺陷形成原因主要有以下几点。

（1）某变电站地理位置。该变电站处在海拔较高的位置，同时也处在两山怀抱的位置，这就形成了峡谷风道，该变电站就处在风道口的位置，如图5-2-10所示。

图5-2-8 检修人员处理绝缘套表面污秽
和水珠

图5-2-9 试验人员进行避雷器绝缘性能
试验

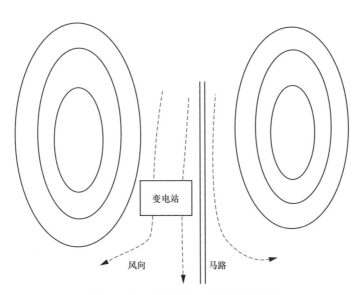

图5-2-10 该变电站地理位置示意图

　　根据峡管效应，风道口会产生很大的风速，而风对于云和水滴有着输送
作用，会将山间的雾气、水滴吹向低海拔位置，该变电站则是该风道的必经
之路，所以造成该站常年环境湿度较高，处在大雾、低温气候条件下。另外，
根据现场勘察，室内除湿条件达不到应对该湿度的条件。在这种环境下，随
风而下的空气中的雾气、水滴触碰到设备表面时易凝成水珠，水珠出现之后，

在设备带电部位的电场效应加持下，对空气中的杂质有很强的吸附作用，进而在表面逐渐堆积污秽。当污秽堆积范围超过绝缘套表面的爬距时，绝缘套表面便发生沿面放电，造成设备本身的绝缘性能下降，从而产生异响、超声局部放电异常等现象。

（2）开关柜为开放式、电缆孔封堵不严。该站高压室内的开关柜为开放式，并不是完全密封的状态，加之也存在电缆孔封堵不严等安装缺陷，会使得更多的空气中雾气、水滴和粉尘杂质进入到柜内，加之前述的自然环境和除湿条件问题，于是在潮气和杂质的融合下，绝缘套表面污秽堆积程度进一步加深，且这种污秽黏稠度高，逐步叠加积累，从而造成最终的放电缺陷。

（3）刀口对隔板孔放电。由于设备投运时间久，隔板会发生位置偏移，有可能会造成设备对隔板放电，从而产生异响、超声局部放电异常的现象。

5.2.5 监督意见及要求

（1）应加强日常巡检、带电检测，尤其是认真实施开关柜超声波局部放电测量。本次缺陷的发现及处理，充分说明超声波局部放电这种带电检测方式能够发现开关柜相关的事故隐患，公司应大力开展变电设备的带电检测工作，及时发现缺陷苗头，避免事故的发生。

（2）对于出现此类隐患问题的设备，应适当缩短其检修周期，同时检修时应更全面地进行检修和相关电气试验工作，以便及时发现和消除设备隐患。

（3）建议低温、湿度较大的变电站内的开关柜采取全密封型开关柜，以避免开放式开关柜带来的此类问题。

（4）在进行变电站的建站选址时，应避免该站处在两山怀抱之间、山腰或河流附近的地理位置上。

5.3 10kV开关柜母排材质不合格引起的发热分析

- 监督专业：电气设备性能
- 设备类别：开关柜
- 发现环节：运维检修
- 问题来源：设备制造

● 5.3.1 监督依据

GB/T 5585.1—2018《电工用铜、铝及其合金母线 第1部分：铜和铜合金母线》

DL/T 1424—2015《电网金属技术监督规程》

● 5.3.2 违反条款

（1）依据GB/T 5585.1—2018《电工用铜、铝及其合金母线 第1部分：铜和铜合金母线》4.3规定，铜加银含量不小于99.0%；4.9.1规定，导电率不小于97%IACS。

（2）依据DL/T 1424—2015《电网金属技术监督规程》5.2.2规定，镀锡层厚度不宜小于12μm。

● 5.3.3 案例简介

2018年7月19日，运维检修人员对某110kV变电站全站设备进行红外测温时，发现该站10kVⅡ段开关柜均有发热现象，主要表征为母线室手感温度明显高于正常值，320进线母线桥柜为59.1℃，320后柜为49.2℃，正常温度为39.3℃。初步判断为进线及母线铜排出现发热现象。结合停电检修计划，对发热部分进行检查，发现母排含铜量及导电率均低于要求值，现场进行铜排及连接螺栓更换后，试验合格，投运后测温结果显示正常。

● 5.3.4 案例分析

1. 现场检查情况

现场测温最高温差为19.8K，红外测温如图5-3-1所示（环境温度：35℃；湿度：60%；进线侧电流：1665.0A）。初步判断为进线及母线铜排出现发热现象。

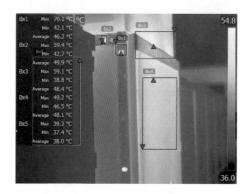

图5-3-1　320开关柜红外测温图

打开10kVⅡ段开关柜母线室门检查发现，三相母排发热严重，铜排表面可见明显发热痕迹，如图5-3-2所示。其中320封闭母线桥因发热导致部分热缩已变形开裂，如图5-3-3所示。将铜排拆下后进行金属检测时，发现铜排含铜量为97.56%，导电率为53.74%IACS，根据GB/T 5585.1—2018《电工用铜、铝及其合金母线　第1部分：铜和铜合金母线》4.3规定，铜加银含量不小于99.0%；4.9.1规定，导电率不小于97%IACS，检测结果明显低于标准值，如图5-4-4所示。

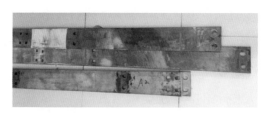

图5-3-2　铜排发热痕迹

图 5-3-3 进线母排热缩开裂

　　对罐体底部密封槽和密封面进行清理，首先用无毛纸巾与酒精对其进行擦拭，并使用百洁布处理密封部位，清除氧化物与污渍，观察有无开裂、破损、放电痕迹，更换密封圈，涂抹硅脂，达到防潮、润滑的作用（如图 5-3-4 所示），并恢复罐体密封。

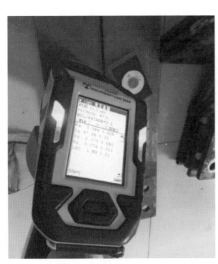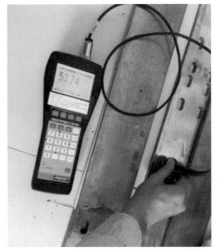

图 5-3-4 旧铜排金属材质检测

　　现场对 10kV Ⅱ 段进线及母线铜排进行更换，对进线 320、母联 3002、300 开关柜加装无线测温及强排风装置，并对其他相关问题进行整改，如图 5-3-5

所示。

（1）更换10kV Ⅱ段进线及母线铜排时，对接触部位打磨平整，将不同材质的M12平角头螺栓更换为M16内六角镀锌螺栓，如图5-3-6所示，用力矩扳手紧固后做好标记，对裸露的铜排及搭接部位热缩并更换新热缩盒。

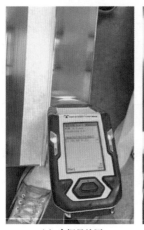

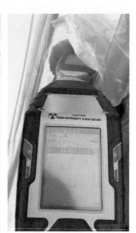

(a) 含铜量检测　　　　　(b) 导电率检测　　　　　(c) 镀层检测

图5-3-5　新铜排含铜量、导电率、镀层检测

图5-3-6　平角螺栓整改为内六角螺栓

（2）对320、3002、300断路器上下触头臂（靠梅花触头部位）、开关柜断路器室内侧安装测温装置实时监测触头和断路器室温度（如图5-3-7所示），在开关柜前下柜门和顶部分别安装抽风和排风装置（如图5-3-8所示），抽排风装置根据监测温度自动启停风机对开关柜进行风冷处理。

图 5-3-7　触头在线测温装置

图 5-3-8　抽风及排风装置

（3）320 进线柜后柜与封闭母桥之间因穿屏套管固定钢板阻隔，现场根据钢板受力情况，在不影响穿屏套管和母排正常运行的情况下，对钢板四周进行钻孔，使后柜与封闭母线桥互通，当强排风装置启动后，两块区域的空气可形成对流，可降低 320 进线与封闭母线桥的发热温度，如图 5-3-9 所示。

（a）打孔前　　　　　　　　　　　　　（b）打孔后

图 5-3-9　打孔前后照片

（4）320断路器静触头固定采用一个螺孔，在大电流情况下可能造成静触头固定不牢靠，出现振动现象，导致动静触头接触不良，甚至出现电弧或放电现象，影响设备正常运行。现场核对尺寸后，立即联系厂家发货，对到货触头及触头盒进行详细验收，试验数据合格后进行更换，对其他出线间隔的静触头进行检查与紧固，并对触头表面进行清洁，如图5-3-10和图5-3-11所示。

图5-3-10　静触头检测及更换

(a) 清理前　　　　　　　　　　　　(b) 清理后

图5-3-11　清除触头表面污垢

整改完毕后，对10kV Ⅱ段母线及进线开展直阻试验，合格后与该段其他设备进行同时送电，并在24h后重新进行红外测温未发现发热及温度异常现象。

2. 结论

（1）供应商偷工减料，导致铜排本身材质不合格，含铜量及导电率均低

于标准值；同时，铜排采购质量管控不严，在安装时未进行严格的金属测试
（当时公司未配备检测仪器），对于不合格产品，未严把入网关。

（2）320开关柜无强排风装置，且后柜与封闭母线桥之间无法形成空气对
流，在大电流作用下，铜排升温后不能进行有效散热。

（3）施工工艺不良，母排连接部位打孔不规范（如图5-3-12所示），且
连接采用的M12平角螺栓未统一采用同一材质，导致连接部位受力不均匀，
接触电阻增大。

图5-3-12　铜排打孔不规范

5.3.5　监督意见及要求

（1）加强设备金属检测标准及仪器使用培训，严把铜排收货质量关口，
避免劣质产品引入系统。

（2）加强母排检修工艺的培训宣贯，严格按照《电气装置安装工程施工
及验收规范》及"五通一措"等文件要求执行检修、验收、安装等工作，确
保不发生因人为原因而导致的发热事件。

（3）加强开关柜红外测温、金属检测等工作，对停电检修的开关柜铜排，
应开展含铜量及导电率检测，对检测不合格的铜排及时进行更换，及时发现
缺陷苗头，避免事故的发生。

5.4 10kV开关柜因接地不良导致局部放电分析

- 监督专业：电气设备性能
- 设备类别：开关柜
- 发现环节：运维检修
- 问题来源：设备制造

5.4.1 监督依据

《电力设备带电检测技术规范（试行）》

5.4.2 违反条款

依据《电力设备带电检测技术规范（试行）》第11条规定，超声波检测无典型放电波形或音响，且数值不超过8dB；暂态地电压测试相对值不超过20dB。

5.4.3 案例简介

检修人员对某35kV变电站10kV高压室进行开关柜局部放电检测时发现3001分段隔离柜后柜门存在超声波放电信号，现场通过PLUS+TEV检测设备听筒能听到明显放电声，停电检查发现带电显示装置一次传感器B相二次接线端未接入二次带电显示装置（导线悬空），且未接地，从而导致悬浮电位放电。

5.4.4 案例分析

1. 局部放电检测

3001开关柜TEV模式测试数据均远大于20dB，并且开关柜下部分数据明显大于上部，如表5-4-1所示。

▼ 表5-4-1　　　　　　　3001开关柜局部放电测量数据（TEV模式）　　　　　　dB

间隔名称	暂态地电位（TEV）测量 背景（4dB）					超声波测量 背景（−5dB）				
	前上	前中	前下	后上	后下	前上	前中	前下	后上	后下
306黄月线	2	2	3	2	3	−4	−4	−3	−4	−5
3001分段隔离柜	4	4	5	5	5	−2	−3	−3	15	26
300分段断路器柜	3	2	2	3	3	−4	−3	−3	−2	−3
测试仪器：PLUS+TEV开关柜局部放电超声暂态地电位检测仪										

注　天气：晴；温度：37℃；湿度：28%。

2. 停电检查

对3001分段隔离柜申请停电处理。开柜后，对相关设备进行检查及清扫，发现带电显示装置一次传感器B相二次接线端未接入二次带电显示装置（导线悬空），同时也未接地，从而导致悬浮电位放电，并且表面有明显的放电痕迹，该螺栓附近部分已烧蚀或氧化，如图5-4-1所示，从图可以确定该处为开关柜局部放电点。放电点如图5-4-2所示。

图5-4-1　带电显示装置一次传感器二次接线端悬浮（B相）

图5-4-2　带电显示装置一次传感器二次接线端放电痕迹（B相）

3. 故障处理

将3001分段隔离柜清扫、一次感应器接入带电显示装置后进行了耐压试验，无异常放电声响，耐压试验通过，试验合格，满足投运的要求。送电后对各开关柜进行局部放电检测，测试结果如表5-4-2所示。

▼ 表5-4-2　　　3001开关柜整改后局部放电测量数据（TEV模式）　　　　dB

间隔名称	暂态地电位（TEV）测量 背景（4dB）					超声波测量 背景（−5dB）				
	前上	前中	前下	后上	后下	前上	前中	前下	后上	后下
306黄月线	2	2	3	2	3	−4	−4	−3	−4	−5
3001分段隔离柜	4	4	5	5	5	−3	−4	−3	−3	−3
300分段断路器柜	3	2	2	3	3	−4	−4	−3	−2	−3
结论：测试数据正常										
测试仪器：PLUS+TEV开关柜局部放电超声暂态地电位检测仪										

　　注　天气：晴；温度：37℃；湿度：28%。

4. 原因分析

　　如图5-4-3所示，一次感应器制成支柱绝缘子式，内埋设高强介电功能性材料制成芯棒式电容C1，C1的一端经上法兰与高压母线连接，C1的另一端由传感器下端（二次接线端）与带电显示装置内C2串联进行分压，由高压带电回路中抽取一定的电压作为显示和闭锁的电源，此时如未接入C2且C1下端悬空将会导致C1下端产生悬浮电位而对地放电，严重地损坏电介质，由于该局部放电长期存在，在时间的累积作用下，该开关柜带电显示装置一次传感器将损坏，导致绝缘击穿而造成短路故障。

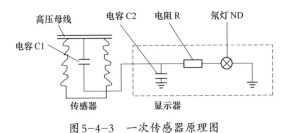

图5-4-3　一次传感器原理图

5.4.5 监督意见及要求

（1）带电显示装置一次传感器应可靠接入带电显示装置，再可靠接地或在不使用时将尾端可靠接地，避免产生局部放电。

（2）在电气设备安装或验收时，要特别注意安装质量，仔细检查各设备接地点应可靠，防止在运行过程中，因接地不可靠而导致设备损坏。

5.5 10kV开关柜电缆距离设计缺陷导致局部放电分析

- 监督专业：电气设备性能
- 设备类别：开关柜
- 发现环节：运维检修
- 问题来源：设备安装

5.5.1 监督依据

Q/GDW 1168—2013《输变电设备状态检修试验规程》

《电力设备带电检测技术规范（试行）》

5.5.2 违反条款

（1）依据Q/GDW 1168—2013《输变电设备状态检修试验规程》5.12.2.3规定，一般检测频率在20~100kHz的信号。若有数值显示，可根据显示的分贝（dB）值进行分析；对于以毫伏（mV）为单位显示的仪器，可根据仪器生产厂建议值及实际测试经验进行判断。

（2）依据《电力设备带电检测技术规范（试行）》第11条规定，超声波检测无典型放电波形或音响，且数值不超过8dB；暂态地电压测试相对值不超过20dB。

● 5.5.3 案例简介

2017年2月27日，某检修单位对某220kV变电站春季安全检查带电检测试验时发现10kV外接电源开关柜后柜门中部超声波局部放电检测值异常，达到缺陷级别。2017年2月28日，再次对10kV外接电源开关柜超声波局部放电检测值复测，数值仍超标，确定达到缺陷级别。3月1日对开关柜停电处理，发现A相电缆头热缩套有明显烧灼点，B相电缆头铜排有明显放电痕迹。判断缺陷原因为与母排连接的电缆距离太近，A、B相电缆桩头之间的热缩套直接挨在一起导致相间放电，形成了表面放电痕迹。与此同时，试验班组对三相母排进行了耐压及绝缘试验，结果均合格。经检修人员对10kV外接电源开关柜内部设计缺陷改造后，重新投入运行，局部放电复测正常。此案例通过带电检测技术发现了一处开关柜设计布局不合理导致设备绝缘局部损坏，成功避免了设备运行故障。

● 5.5.4 案例分析

1. 现场检查情况

2017年2月27日，某检修单位在某220kV变电站10kV高压室进行开关柜局部放电检测（暂态地电压、超声波），检测发现10kV外接电源开关柜后柜门中上部存在超声波放电信号（检测时336间隔负荷电流为0A），现场通过PLUS+TEV听筒可听到放电声。

2月28日，对10kV外接电源柜进行带电跟踪检测，发现其后柜门中下部超声波信号有所增强，超声信号在17~22dB变动，通过PLUS+TEV听筒可听到明显的异常声音。

3月1日，对10kV外接电源柜进行停电处理前的带电检测，发现超声波信号进一步增强，且超声信号数值稳定在20dB左右，通过PLUS+TEV听筒可听到明显的放电声。具体局部放电数据如表5-5-1所示。

▼ 表5-5-1　　　　　10kV外接电源开关柜后柜门局部放电检测数据　　　　　dB

检测时间	暂态地电位（TEV）测量 背景（7dB）					超声波测量 背景（-7dB）				
	前上	前中	前下	后上	后下	前上	前中	前下	后上	后下
2月27日	10	10	10	11	11	-3	-2	-7	17	14
2月28日	8	9	9	8	10	-4	-5	-6	22	19
3月1日	8	7	6	8	11	-5	-5	-5	23	22

在连续三次跟踪带电检测中，10kV外接电源柜前后暂态地电压、红外、特高频局部放电均合格，除后柜门中下部以外的其他部位超声波检测信号也在合格范围内。超声放电信号不合格部位集中在10kV外接电源柜后柜门区域如图5-5-1所示。

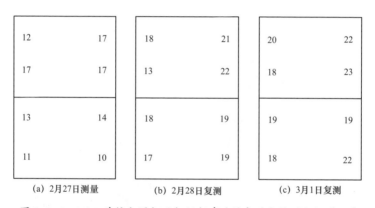

(a) 2月27日测量　　　　(b) 2月28日复测　　　　(c) 3月1日复测

图5-5-1　10kV外接电源柜后柜门超声波局部放电检测数据（dB）

2. 开柜检查情况

检查发现10kV外接电源柜柜体较正常10kV开关柜较窄，内部电缆三相布局距离较近，A相电缆头热缩套与B相电缆热缩套交叉在一起（如图5-5-2所示），分析柜内电缆布局不合理可能为本次超声检测异常的原因。在对10kV外接电源柜进行停电检查处理时，打开后柜门发现A相电缆头热缩套存在焦黑放电痕迹，B相电缆头铜排上的绝缘护套也存在焦黑放电痕迹，如图5-5-3所示。

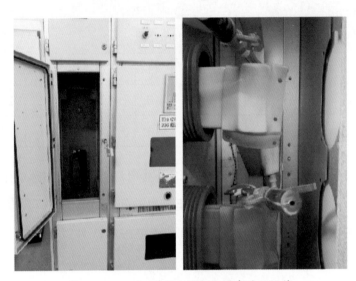

图5-5-2　10kV外接电源柜电缆布局不规范

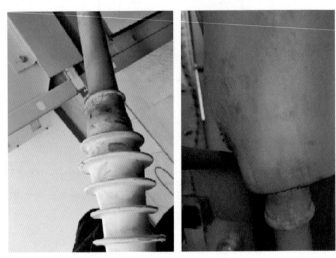

图5-5-3　10kV外接电源柜放电痕迹

对该间隔的电缆停电绝缘试验合格。3月1日，检修人员将柜内电缆重新布局，并对A、B相电缆头的热缩套更换处理。处理完复电后进行带电局部放电检测，暂态地电压及超声波数据恢复正常。

● 5.5.5 监督意见及要求

（1）开关柜柜内电缆布局不合理（没有通过弯曲方式增加电缆头之间距离）是导致电缆头外护套表面放电的主要原因。开展开关柜带电检测能够有效发现开关柜内潜伏性局部放电缺陷。带电检测局部放电异常时，应结合开关柜专业化巡视结果等进行综合分析，提高检测成效性。

（2）加强新开关柜设计阶段的把关，杜绝设计不合理潜藏的后期安全隐患。

5.6 10kV开关柜动静触头松动导致发热异常分析

● 监督专业：电气设备性能　　● 设备类别：开关柜

● 发现环节：运维检修　　　　● 问题来源：运维检修

● 5.6.1 监督依据

Q/GDW 1168—2013《输变电设备状态检修试验规程》

《开关柜全过程技术监督精益化管理实施细则》

● 5.6.2 违反条款

（1）依据Q/GDW 1168—2013《输变电设备状态检修试验规程》5.12.1.3规定，红外热像检测检测开关柜及进、出线电气连接处，红外热像图显示应无异常温升、温差和（或）相对温差。

（2）依据《开关柜全过程技术监督精益化管理实施细则》9.1.2.1规定，带电检测项目、周期应符合相关规定。

● 5.6.3 案例简介

某220kV变电站10kV毛阳Ⅰ线382开关柜型号为KYN28A-12，2011年6

月出厂；断路器型号为VJD-12EP。

2021年2月，检测人员按春节保电要求，开展对重要用户、重要负荷、老旧设备间隔的"再巡视、再测温、再消缺"专项工作，发现382开关柜内部存在异常发热。停电后进行观察、测温以及试验，最终判定为小车室A相静触头紧固螺栓松动及断路器小车A相触臂紧固螺栓松动综合导致的发热。

● 5.6.4 案例分析

1. 红外精确测温

2021年2月，某供电公司检测人员在巡视某220kV变电站10kV Ⅲ段高压室时，发现毛阳Ⅰ线382开关柜红外异常，柜体温度较相邻间隔高且上柜门温度较高，对382开关柜进行红外精确测温如图5-6-1~图5-6-4所示。

图5-6-1　前柜门（从左至右分别为384、382）

图5-6-2　后柜门（从左至右分别为380、382、384）

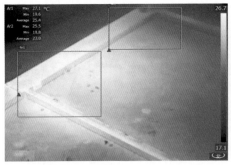

图5-6-3　382间隔顶部

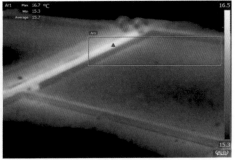

图5-6-4　384间隔顶部

对图谱进行分析,发现382开关柜上部温度较高,前中柜门柜体温度为17.2℃,负荷电流44A（384前中柜门柜体温度为14℃,负荷电流52A）,顶部最热处为27.1℃（384间隔顶部最热处为16.7℃）,不符合Q/GDW 1168—2013《输变电设备状态检修试验规程》5.12.1.3的规定,红外热像检测检测开关柜及进、出线电气连接处,红外热像图显示应无异常温升、温差和（或）相对温差。

为了排除其他因素的干扰,通过监控后台查找近3h负荷情况,382间隔以及整个母线电流近3h内无负荷突变,排除了开关柜负荷突变引起的正常发热。

通过对上柜门内部二次设备进行测温排除了二次回路导致发热的可能,如图5-6-5所示。但是从图中发现两个母线室小圆孔发热,且手摸二次室背板左侧有温感,判断382柜内一次回路存在发热,且根据正面以及顶部的热点可判断发热点在开关柜左上侧,发热点可能在382开关柜A相回路（电流为44A）,或母排在382柜处紧固连触点发热（电流为420A）。

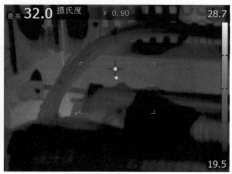

图5-6-5 毛阳Ⅰ线382开关柜二次舱红外图

综合对比相邻柜近3h负荷,判断382存在明显异常,申请停电进行处理,联系运维人员停电将小车拉至试验位置后,测温如图5-6-6和图5-6-7所示。

从红外图谱可以看出,断路器小车A相母线侧静触头以及小车A相母线侧动触头均有发热,且温度超过160℃。同时,发现A相静触头与母线连接处、小车A相触臂紧固螺栓处均有明显的烧灼痕迹如图5-6-8和图5-6-9所示,同时关注开关柜的柜体温度,发现柜体温度已恢复正常,排除了母排在

382柜处紧固连触点发热的可能。

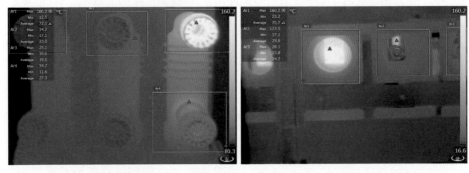

图5-6-6 小车红外图　　　　　　　图5-6-7 小车室红外图

图5-6-8 小车室可见光图

图5-6-9 小车可见光图

2. 停电试验、检查

针对母线侧动触头发现灼烧痕迹的位置开展主回路电阻试验，数据如表5-6-1所示。

▼ 表5-6-1 382断路器主回路电阻测试数据

相别	A	B	C
主回路电阻初值(μΩ)	34.4	34.1	34.8
主回路电阻测试值(μΩ)	320.1	38.2	37.7
主回路电阻初值差(%)	830.5	12	8.3

根据Q/GDW 1168—2013《输变电设备状态检修试验规程》及《国家电网公司变电检测管理规定》等有关规定要求，真空断路器主回路电阻的初值差应小于30%，判定382断路器主回路电阻试验测量A相数据不合格。通过观察A相回路的情况，发现A相母线侧触臂紧固螺栓存在松动现象，检查母线侧静触头紧固螺栓也存在松动现象，拧紧后再次测量其回路电阻，数据合格。

3. 分析结论

毛阳Ⅰ线382开关柜柜体发热的原因如下：

（1）断路器室A相靠母线侧静触头紧固螺栓松动导致静触头发热。

（2）断路器小车A相触臂紧固螺栓松动导致触臂连接处发热。

● 5.6.5 监督意见及要求

（1）扎实开展开关柜红外精确测温工作，严格按照规程进行检测，认真排除红外测温作业中外界因素干扰，对3℃及以上温差需结合负荷电流等因素重点分析，确保红外测温的准确性。

（2）按规程严格按期开展开关柜C5、C10检修，确保各变电站内开关柜均处于检修周期内且各项数据正常。

（3）加强隐患排查及老旧设备治理。对运行10年以上开关柜、重要用户开关柜、重负荷开关柜缩短带电检测周期及停电检修周期。

（4）严格把控厂家设备质量以及安装工艺。对新建及改造变电站的主要设备验收必须严格按照《开关柜全过程技术监督精益化管理实施细则》的要求执行，在开关柜设备安装时，严格把控安装工艺，对母线回路电阻、母线经断路器至出线回路电阻试验进行旁站见证。

（5）分析常见开关柜绝缘材料热受损后的化学变化，研制气体监测装置，定期对高压室封闭1天后做检测，及时发现异常设备并作出诊断。

5.7 10kV开关柜穿芯式TA等电位线脱落导致局部放电异常分析

- 监督专业：电气设备性能
- 设备类别：开关柜
- 发现环节：运维检修
- 问题来源：运维检修

● 5.7.1 监督依据

《国家电网公司变电检测管理规定》

《开关柜全过程技术监督精益化管理实施细则》

● 5.7.2 违反条款

（1）依据《国家电网公司变电检测管理规定》附表A5.1中高压开关柜的检测项目、分类、周期和标准第10项规定，无异常放电。

（2）依据《开关柜全过程技术监督精益化管理实施细则》9.1.1.2规定，开关柜内应无放电声、异味和不均匀的机械噪声。

● 5.7.3 案例简介

2017年3月12日，某供电公司带电检测人员使用PDS-T90对某220kV

变电站10kV高压室进行开关柜局部放电专项检测，包括暂态地电压检测（TEV）、超声波检测（AE）及特高频检测（UHF），检测发现320开关柜存在异常放电信号。

● 5.7.4 案例分析

1. 检测诊断

320及邻近几个开关柜的局部放电检测数据如表5-7-1所示。

▼ 表5-7-1　　　　　　　　320及其相邻开关柜局部放电测试结果

变电站名称	220kV ×××变电站			测试时间		2017-03-12	
开关柜电压等级	10kV			温湿度		25℃/60%	
仪器型号	PDS-T90			仪器厂家		上海×××公司	
空气读数	0dB			金属背景		9dB	
AE背景噪声	0dB			UHF背景噪声		0dB	
编号	开关柜名称	TEV（dB）					AE（dB）	UHF（dB）
		前上	前中	前下	后上	后下		
1	342	9	8	7	9	14	0	0
2	344	9	9	6	10	10	0	34
3	320	9	9	8	12	10	0	59

由表5-7-1可知，TEV的相对值均小于15dB，暂态地电压未显示开关柜存在局部放电现象，超声传感器也未发现异常放电声音，使用特高频传感器对开关柜进行检测，发现320开关柜局部放电信号幅值达到59dB，并依次向两侧衰减。

320开关柜特高频检测PRPD2D/PRPDS3D图谱如图5-7-1所示。

该特高频信号分布平均分布在正半周及负半周，信号有大有小，初步判断为绝缘类缺陷放电。

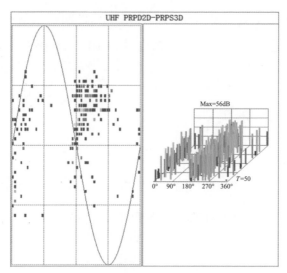

图 5-7-1　320 开关柜特高频检测 PRPD2D/PRPDS3D 图谱

320 开关柜局部放电特高频诊断图谱如图 5-7-2 所示。

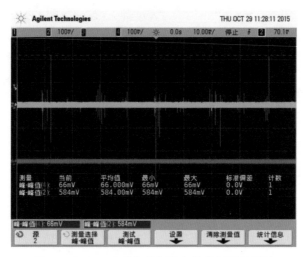

图 5-7-2　320 开关柜局部放电特高频诊断图谱

从该图谱可知，特高频信号为每个周期一簇信号，信号幅值大小不等，幅值约为 580mV，判断为绝缘类缺陷放电。

使用 PDS-G1500 定位仪，运用特高频时差法对开关柜局部放电信号源进行定位，确定放电信号来自 320 开关柜内部，局部放电信号定位时差图谱如图

5-7-3~图5-7-5所示。分别将传感器放在开关柜上下、左右、前后进行定位，调整传感器位置，使示波器所示放电信号时差为0，即放电信号与两个传感器距离相等，则说明放电信号位于两个传感器中间位置。

综合开关柜的三维定位，确定放电信号位于开关柜后面板中部，结合开关柜内部结构，初步判断放电信号位于B相母排穿芯式TA靠开关柜中间金属板位置，建议尽快停电检查处理。

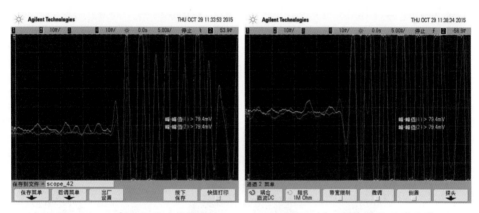

图5-7-3　高度定位时差图谱　　　　图5-7-4　横向定位时差图谱

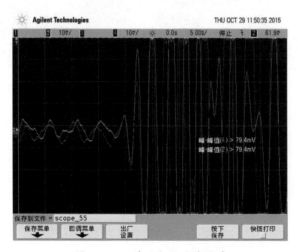

图5-7-5　前后定位时差图谱

2. 检查处理及结论

对2号主变压器320进线柜进行停电检查，验证了B相母排穿芯式TA内部确实存在放电现象，如图5-7-6所示，穿芯式TA内孔壁存在明显放电痕迹，TA等电位线已经处于半脱落状态，母排安装位置存在偏心，已经贴近TA内孔壁。

穿芯式TA在内孔壁环氧树脂绝缘材料表面刷半导体漆，并贴牢等电位线（电刷软线），以消除放电现象，若等电位线脱落，运行时会出现在母排与TA孔壁间隙或沿TA内孔壁表面产生火花放电和沿面滑闪等放电现象。为了准确判断等电位线接触状导通状况，测试三相TA内孔壁对等电位线的绝缘电阻，正常相A、C相测试结果分别是15、17kΩ，而B相测试结果为72GΩ，可判断TA内孔壁放电现象已经对表面半导电漆造成损坏，等电位线实际已经脱落，失去屏蔽空气间隙作用，长时间运行将对TA本体绝缘造成损坏。

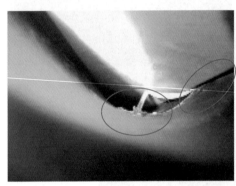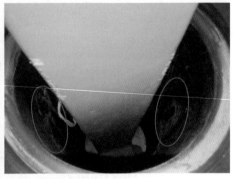

图 5-7-6　穿芯式TA等电位线及内壁放电痕迹

随后，检修人员对TA进行更换处理，更换后该相母线绝缘、耐压试验通过，送电后带电检测数据恢复正常。

● 5.7.5 监督意见及要求

（1）应加强设备设计、施工、验收等环节的质量把关，穿芯式TA与母排的等电位线连接松动或脱落、接触面氧化等会导致局部放电对TA本体绝缘造成损害，同时穿芯式TA与母排的安装相对位置若出现偏离而导致二者靠近或接触，也会产生局部放电，破坏设备绝缘。

（2）应深化应用特高频检测等带电检测技术，特高频检测具有检测灵敏度高、抗干扰能力强等优点，能有效发现开关柜内部件局部放电缺陷，并能实现局部放电信号源可靠定位。

（3）不同类型的放电缺陷具有不同的特高频图谱特征，放电信号脉冲幅值、数量、相位分布等存在不同，可根据这些特点判断缺陷放电类型，并结合停电检查、停电试验等其他手段对设备缺陷进行确诊。

（4）建议针对同类型主变压器侧开关柜内穿芯式TA开展隐患排查，确保主设备安全稳定运行。

5.8 10kV开关柜出线电缆单螺栓连接导致严重过热异常分析

- 监督专业：电气设备性能
- 设备类别：开关柜
- 发现环节：运维检修
- 问题来源：设备调试、运维检修

5.8.1 监督依据

《国家电网有限公司十八项电网重大反事故措施》

DL/T 664—2016《带电设备红外诊断应用规范》

5.8.2 违反条款

（1）依据《国家电网有限公司十八项电网重大反事故措施》11.4.3.1规定，运行中的干式互感器外绝缘如有裂纹、沿面放电、局部变色、变形，应立即更换；12.4.2.3规定，柜内母线、电缆端子等不应使用单螺栓连接。导体安装时螺栓可靠紧固，力矩符合要求。

（2）依据DL/T 664—2016《带电设备红外诊断应用规范》表H.1电流致热型设备缺陷诊断判据规定，电气设备与金属部件的连接处热点温度大于110℃属危急缺陷。

● 5.8.3 案例简介

某110kV变电站10kV Ⅱ段母线开关柜为2000年7月出厂，型号为GZS1，线路柜柜体额定电流为150A，柜内母排及支排均为铝排；柜内断路器为2000年8月出厂，型号为VS1-12，线路柜断路器额定电流为630A。

2021年1月21日，对该110kV变电站进行春节保电特巡时，发现10kV高压室内有轻微的焦臭味，10kV清奥Ⅳ线340开关柜后柜门存在异常温升，局部放电测试发现340开关柜下柜门存在悬浮放电信号，通过前柜门观察窗发现出现电缆头有护套烧损现象，进行红外测温确认电缆头与支排连接部位存在严重发热，其中A相485℃、B相349℃、C相146℃。停电后重新制作电缆头过程中发现A、B相电流互感器有不同程度受热开裂，对电流互感器一并进行更换。

● 5.8.4 案例分析

1. 带电检测

某供电公司变电检修公司工作人员在1月21日对某110kV变电站进行专业化巡视时，发现10kV高压室内有微焦味。检测人员随即对10kV开关柜进行带电检测，通过红外测温发现10kV清奥Ⅳ线340开关柜后柜门存在异常温升：340开关柜后上柜门最高温度点为53.8℃，相邻338开关柜与342开关柜温度点为35℃，此时判断340断路器上下静触头可能存在接触不良导致发热，如图5-8-1所示。

同时，340特高频局部放电测试发现340开关柜下柜门电缆室有悬浮放电信号，信号幅值较大，打点位置均位于上部两格，相位相差约180°，如图5-8-2和图5-8-3所示。

通过前柜的观察窗发现电缆头A、B相有明显过热烧灼开裂现象，如图5-8-4所示。

检测人员进行了红外测温。A相485℃，B相349℃，C相146℃，环境温度19℃，湿度54%，负荷电流393A，根据DL/T 664—2016《带电设备红外诊断应用规范》表H.1电流致热型设备缺陷诊断判据规定，电气设备与金属部件的连接处热点温度大于110℃属于危急缺陷，需立即停电进行处理，如图5-8-5和图5-8-6所示。

图5-8-1 340后柜门红外测温图

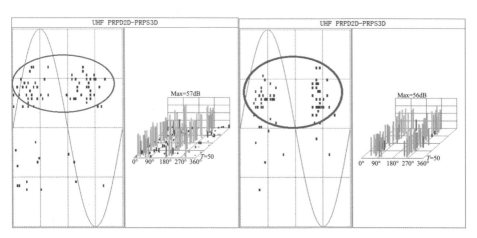

图5-8-2 340开关柜后柜特高频检测图谱　图5-8-3 340开关柜前柜特高频检测图谱

图5-8-4　清奥Ⅳ线出线电缆头外绝缘烧灼破损

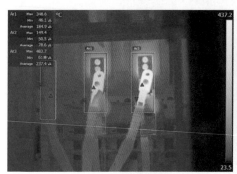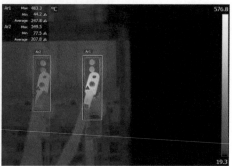

图5-8-5　清奥Ⅳ线出线电缆A相红外图谱　　图5-8-6　清奥Ⅳ线出线电缆B相红外图谱

2. 停电检查处理

检修人员停电对出线电缆进行检查处理，A、B相电缆头外绝缘已严重开裂并出现脱落，同时发现A、B相电流互感器受热严重，本体已出现开裂现象，如图5-8-7~图5-8-9所示。

对出线电缆进行绝缘电阻测试，测试结果如表5-8-1所示。

▼ 表5-8-1　　　　　　　　　电缆绝缘电阻测试数据

合格标准	绝缘电阻（MΩ）		
	A相	B相	C相
外护套或内衬层的绝缘电阻（MΩ）与被测电缆长度（km）的乘积值：≥0.5	12350	11560	32870

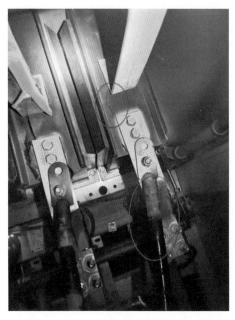

图5-8-7 A相电缆头与电流互感器

图5-8-8 B相电缆头与电流互感器

图5-8-9 电流互感器与支排连接处

绝缘电阻测试结果均合格，但是可以明显判断A、B相电缆由于长期受高温影响，绝缘能力已出现一定程度下降，如不及时进行处理，最终将导致电缆头炸裂。

3. 原因分析

（1）出线电缆单螺栓连接。根据《国家电网有限公司十八项电网重大反事故措施》及《开关柜全过程技术监督精益化管理实施细则》等最新要求，柜内母线、电缆端子等不应使用单螺栓连接，而本次出现异常的清奥Ⅳ线340开关柜出线电缆即采用单螺栓连接方式，连接方式极不可靠，并且长期保持高负荷运行，导致连接部位出现严重的发热现象。

（2）开关柜柜内采用铝排连接。10kV Ⅱ段开关柜柜内使用的是两块100mm×10mm的铝排叠装，在铝排与TA、铝排与断路器静触头接触时，存在铜铝直接接触；同时，铝排载流能力（在规定条件下，导体能够连续承载而不致使其稳定温度超过规定值的最大电流）要远差于铜排，导致开关柜内长期存在发热现象。

● **5.8.5 监督意见及要求**

（1）按期开展开关柜C5、C10检修，确保各变电站内开关柜均处于检修周期内且各项数据正常。

（2）加强隐患排查及老旧设备治理。对运行10年以上开关柜、重要用户开关柜、重负荷开关柜缩短带电检测周期及停电检修周期。

（3）对运行超过20年以上的开关柜、重负荷开关柜，根据运行情况，可考虑进行更换或大修。大修项目包含更换支柱绝缘子、穿屏套管、触头盒、载流量不足铜排或铝排、静触头及有拒动风险的断路器小车。

（4）高压室考虑配置备用断路器小车，配备原则可为主开关柜小车配备一台，出线开关柜小车配备一台。

5.9　10kV开关柜固定母排金具夹板与中间隔板存在空气间隙引起局部放电分析

- 监督专业：电气设备性能
- 设备类别：开关柜
- 发现环节：运维检修
- 问题来源：设备安装

5.9.1　监督依据

《国家电网公司变电检测管理规定》

5.9.2　违反条款

依据《国家电网公司变电检测管理规定》规定，①10kV开关柜局部放电检测标准暂态地电压检测标准，正常时相对值小于等于20dB，异常时相对值大于20dB；②超声波检测标准，正常时无典型放电波形或声响，且数值不超过8dB，异常时数值大于8dB且小于等于15dB，缺陷时数值大于15dB。

5.9.3　案例简介

2021年7月27日，某变电检修公司电气试验班对某220kV变电站进行迎峰度夏专业巡视，发现1号主变压器10kV侧310开关柜存在局部放电异常信号，异常信号最大值位于开关柜柜后中部、下部缝隙处：暂态地电位前、后柜分别为48、57dB（背景值24dB）；超声波有效值、最大值分别为8、17dB（背景值−13、−8dB）。

8月4日，进行跟踪诊断：①异常信号最大值位于310开关柜柜后中部、下部。②超声波有效值、最大值为16、23dB，具有相位相关性；暂态地电位后柜58dB，且以310为中心向两边逐步降低；特高频信号存在两簇幅值较大（63dB）信号。③人耳贴近开关柜缝隙处，能听到微弱放电声。综合局部放电信号典型图谱、信号最大部位及柜内结构，通过排除，初步判断柜内可能存在多个悬浮放电源，局部放电位置为310开关柜下部，建议尽快停电进行处理。

8月5日，进行复测，情况与8月4日基本一致。为确保主变压器正常稳定运行和供电可靠性，8月6日凌晨对该变电站310开关柜进行停电检查，发现柜内母排夹板与隔板间存在多处悬浮放电。对导致悬浮放电母排夹板的绝缘热缩套进行拆除，送电后进行局部放电检测，信号与背景值一致，310开关柜恢复正常。

另外，在310开关柜停电处理的过程中，发现310断路器触指存在过热、夹紧弹簧存在变形，更换了310断路器6个触指头。对310断路器触指进行镀银层厚度检测，取12个点检测均小于8μm，厚度不符合要求；对夹紧弹簧进行金属成分分析，检测合格。后续送检电科院，进行进一步分析。

开关柜型号为KYN28A-12，出厂日期为2012年1月。

● **5.9.4 案例分析**

1. 局部放电监测情况

（1）7月27日，华乘PDS-T90局部放电检测仪数据。

1）暂态地电压检测数据见表5-9-1。

▼ 表5-9-1　　　　　　　　　　暂态地电压检测数据　　　　　　　　　　dB

测点位置	前中	前下	后上	后中	后下
检测值	48	48	57	53	57

　　注　空气背景：21dB；金属背景1：24dB；金属背景2：29dB。

分析：测试值与背景值相差大于20dB，属于异常。

2）超声波数据分析，现场测试超声波幅值/相位/波形/飞行图谱如图5-9-1所示。

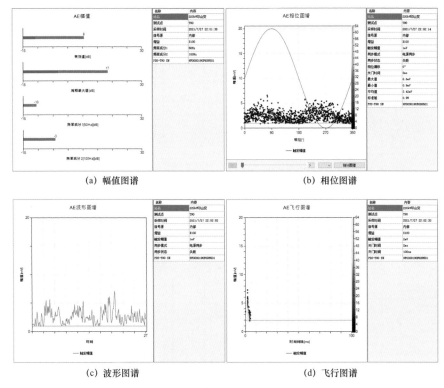

(a) 幅值图谱 (b) 相位图谱

(c) 波形图谱 (d) 飞行图谱

图 5-9-1　现场测试超声波幅值/相位/波形/飞行图谱

分析：超声波图谱具有局部放电特征，在柜后中部右侧、柜底部隙处检测到最大的超声信号源，超声周期最大值为17dB，AE相位图谱一个工频周期出现两簇打点波峰，频率成分2（100Hz）＞频率成分1（50Hz）相关性；AE波形图谱相位较宽，每个周期有两组脉冲波形，脉冲波形上存在较多小脉冲，具有沿面放电的特征。

3）特高频数据分析，柜前、柜后特高频PRPS&PRPD/周期图谱如图5-9-2和图5-9-3所示。

分析：PRPS&PRPD图谱有局部放电特征。在柜前、柜后观察窗口处均检测到特高频信号，周期最大值为62dB，其中一半周期出现的放电脉冲幅值较大、脉冲较稀，另一半周期放电脉冲幅值较小、脉冲较密，并具有一定的频率相关性。

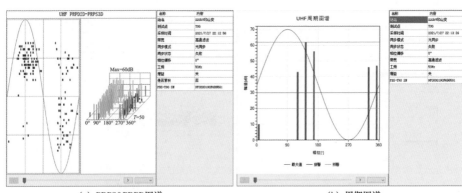

(a) PRPS&PRPD图谱　　　　　　　　　(b) 周期图谱

图5-9-2　柜前特高频PRPS&PRPD/周期图谱

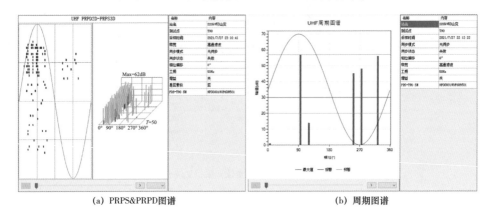

(a) PRPS&PRPD图谱　　　　　　　　　(b) 周期图谱

图5-9-3　柜后特高频PRPS&PRPD/周期图谱

（2）8月4日，华乘PDS-T95局部放电检测仪数据。

1）暂态地电压检测数据如表5-9-2所示。

▼ 表5-9-2　　　　　　　　　　　　　暂态地电压检测数据

间隔名称	检测位置	幅值（dB）
相邻3103开关柜（左）	后上柜门	44
	后下柜门	44
310开关柜	后上柜门	47
	后下柜门	58
相邻302开关柜（右）	后上柜门	48
	后下柜门	47

续表

间隔名称	检测位置	幅值（dB）
304开关柜	后上柜门	29
	后下柜门	29
306开关柜	后上柜门	28
	后下柜门	28

注 背景值：21dB。

分析：测试值与背景值大于20dB，且以310开关柜为中心向两边递减，可以判断310开关柜存在局部放电异常。

2）超声波数据分析，现场测试超声波幅值/相位/波形/飞行图谱如图5-9-4所示。

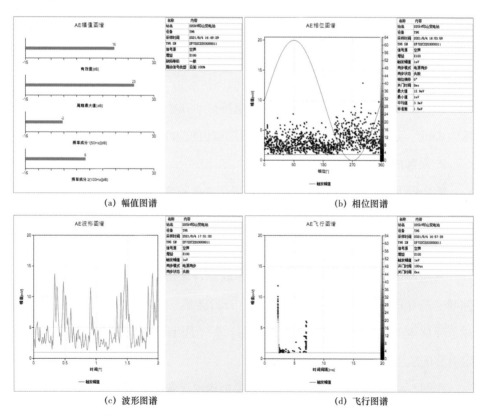

(a) 幅值图谱

(b) 相位图谱

(c) 波形图谱

(d) 飞行图谱

图5-9-4 现场测试超声波幅值/相位/波形/飞行图谱

分析：超声波图谱具有局部放电特征，在柜后右中部、右下部、柜底部隙处检测到超声信号源，超声周期最大值为23dB，频率成分2（100Hz）＞频率成分1（50Hz）相关性；AE波形每个周期有多簇脉冲波形，脉冲上升沿陡峭，具有沿面放电或悬浮放电的特征。

3）特高频数据分析，柜后特高频PRPS&PRPD图谱如图5-9-5所示。

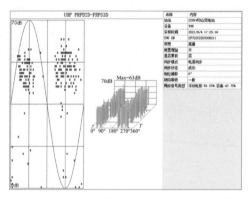

图5-9-5　柜后特高频PRPS&PRPD图谱

分析：PRPS&PRPD图谱有局部放电特征，在柜后观察窗口处，周期最大值为63dB，具有一定的频率相关性，两簇幅值较大且有一定对称的放电信号。

2. 局部放电异常分析

综合以上两次检测情况，根据超声局部放电检测图谱可知，幅值图谱中频率成分1、频率成分2幅值稳定，且频率成分2（100Hz）＞频率成分1（50Hz）；波形图谱中一个周期存在两簇及以上的脉冲。基本可以排除尖端放电的可能。

从超声图谱来看，一个周期存在多簇脉冲波形，且脉冲幅值基本一致，判断应是存在多个局部放电源；脉冲上升沿陡峭，相位较宽，具有沿面放电或悬浮放电的特征。从特高频图谱来看，一个周期存在两簇幅值较大且有一定对称的放电信号，具有悬浮放电特征。

如图5-9-6所示，为变电站310开关柜柜内设备布置图，上下柜中间无隔板、中上部为母线室封板、下部靠左（3103开关柜）为穿芯式TA、下部靠上为断路器下触头盒、下部靠中和右为母线带电感应装置及其固定金具。

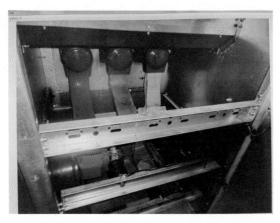

图 5-9-6　变电站 310 开关柜柜内设备布置

在 310 开关柜柜后右侧中部、下部及底部均存在幅值较大的信号，而沿面放电信号衰减很快，在多方位均能检测到较大幅值的可能性较小，且根据以往经验，若为幅值达 23dB 的沿面放电，应可闻到臭氧味，这与现场情况不一致。结合特高频图谱，基本可以排除沿面放电的可能。

综上，初步判断变电站 310 开关柜柜内可能存在多个悬浮放电源，局部放电位置为 310 开关柜下部。

3. 停电检查情况

为确保主变压器正常稳定运行和供电可靠性，8 月 6 日凌晨对变电站 310 开关柜进行停电检查。对 A 相加压至 10kV 时可以明显看见母排固定金具夹板处放电；B 相加压至 15kV 时可听见母排固定金具夹板处放电声；C 相加压至 12kV 时可见明显放电，后降压至 9kV 仍存在明显放电。如图 5-9-7 所示。

母排与固定金具夹板之间包裹有绝缘热缩套，且固定母排金具夹板与中间隔板存在空气间隙，致使金属间存在电位差产生悬浮放电。通过将母排金具夹板与母排之间的绝缘热缩套进行拆除，并且调整母排固定金具夹板和中间隔板，使母排底部与固定金具夹板固定紧密、隔板与固定夹板上下螺栓贴合紧密，将可能产生悬浮电位的金属间隙消除，如图 5-9-8 所示。又因母排相间、对地距离均大于 125mm，故将柜内的绝缘接头盒也进行了拆除。

图5-9-7　A相加压10kV、C相加压12kV可见明显放电

图5-9-8　变电站310开关柜后下柜整改后

另外，在变电站310开关柜停电检查中，发现310断路器梅花触头触指存在变色痕迹，怀疑是高温发热所致。仔细检查触指夹紧弹簧，观察弹簧圈的分布间隙不均匀，继而拆下夹紧弹簧进一步检查，发现存在疲劳失效变形等情况，如图5-9-9所示。为确保开关柜正常稳定运行，对310断路器6个触指头进行了更换。

对310断路器触指进行镀银层厚度检测，取12个点检测均小于8μm，厚度不符合要求；对夹紧弹簧进行金属成分分析，检测合格。后续送检电科院，进行进一步分析。

310开关柜送电后进行局部放电检测，信号与背景值一致，310开关柜恢复正常。

(a) 断路器梅花触头变色

(b) 夹紧弹簧变形

(c) 更换断路器触头

图 5-9-9　变电站 310 断路器

5.9.5　监督意见及要求

（1）变电站 310 开关柜局部放电异常系母排金具夹板与母排之间、金具夹板与中间隔板之间的悬浮放电所致，结合以往案例，建议对于母排热缩后再进行固定金具夹板安装的工艺进行修改，即在安装母排固定金具夹板时应将此处的母排热缩套进行剥除，并适当调整夹板与隔板的位置，使母排下端与夹板固定紧密、隔板与夹板上下螺栓贴合紧密，消除导致悬浮放电的金属间隙。

（2）通过对开关柜局部放电检测数据的大小分布和超声波传播衰减特性，结合开关柜内设备结构，可对柜内局部放电点进行大致定位。同时，根据典型放电图谱，利用排除法来确定放电类型，对设备停电范围以及缺陷处理提供检修决策。

（3）对于存在局部放电异常的开关柜要加强跟踪及诊断，尤其是主变压器中低压侧开关柜，及时消除缺陷、隐患，确保设备正常稳定运行和供电可靠性。

（4）在进行开关柜停电检修时，应仔细检查断路器触头及夹紧弹簧情况，防止因弹簧疲劳失效或触头材质问题导致断路器触头发热，继而引发事故。

5.10 10kV开关柜内母排与穿屏套管间空气缝隙击穿导致局部放电

- 监督专业：电气设备性能
- 设备类别：开关柜
- 发现环节：运维检修
- 问题来源：工程设计

5.10.1 监督依据

Q/GDW 1168—2013《输变电设备状态检修试验规程》

5.10.2 违反条款

依据Q/GDW 1168—2013《输变电设备状态检修试验规程》5.12.1规定，高压开关柜局部放电测试应无异常放电。

5.10.3 案例简介

2017年10月10日，运维人员对某110kV变电站10kV开关柜进行带电检测时，发现10kV坚宇线318及相邻316开关柜母线室位置超声波局部放电检测数据异常，并伴有明显的放电声音。其超声波局部放电检测最大值为27dB，明显高于正常间隔及环境背景值，初步怀疑放电信号来自316或318开关柜母线室内部。利用零点检修对316、318开关柜进行停电检查及试验分析发现318与316开关柜B相母排与穿屏套管间空气间隙不均发生放电击穿导致局部放电。

● **5.10.4 案例分析**

1. 现场初步检查

10月11日凌晨，运维人员将1号主变压器转检修后，检查发现318、316开关柜母排表面落灰积污，母线室内凝露较为严重（如图5-10-1所示），且318与316开关柜间B相穿屏套管及母排安装位置未完全居中，空气间隙不对称，间隙接近点存在明显的放电痕迹（如图5-10-2所示）。

图5-10-1 母排上有凝露水渍   图5-10-2 穿屏套管及母排放电痕迹

2. 试验诊断分析

（1）首次耐压诊断。针对以上情况，试验人员对10kV整段母线进行了交流耐压诊断性试验，当试验电压升高至6kV时，318与316开关柜间B相母排穿屏套管间隙处出现明显放电（如图5-10-3所示）。

放电点

图5-10-3　耐压试验放电点

由耐压试验结果可判断318与316开关柜间B相母排穿屏套管间隙处产生的放电是造成开关柜超声局部放电异常的根本原因。

（2）二次耐压诊断。为考验内部潮湿环境对开关柜局部放电的影响，对母排和穿屏套管内部凝露、积污、放电痕迹等处理完成后，再次进行交流耐压试验，试验结果为：电压上升并稳定在7kV左右时，原放电处的放电现象仍然明显。通过再次耐压试验排除了内部凝露、积污为开关柜局部放电原因的可能性。

（3）绝缘电阻测试。现场对存在放电缺陷的穿屏套管进行绝缘电阻测试，测试结果大于4000MΩ。穿屏套管绝缘电阻试验结果合格，排除了穿屏套管绝缘电阻不合格造成放电的可能性。

3. 原因分析

在排除多种可能产生放电的原因后，结合现场停电检查出穿屏套管内母排位置安装不对中的情况，判断此放电缺陷可能为母排与穿屏套管空气间隙不对称，致使电场畸变形成内部不均匀电场，母排与穿屏套管间空气间隙放电导致。

为验证以上判断，可通过空气缝隙场强公式及等值电路两个方面进行分析。

（1）空气缝隙场强分析。

空气缝隙场强计算：

$$E_1=U\varepsilon_2/（d_1\varepsilon_2+d_2\varepsilon_1）\qquad（5-10-1）$$

当 $d_2>>d_1$ 时：

$$E_1=U\varepsilon_2/d_2\varepsilon_1\qquad（5-10-2）$$

式中 U——极间或对地电压；

ε_1——空气介电常数，为1；

d_1——空气间隙距离；

ε_2——绝缘介质介电常数，大于1，一般取6~7；

d_2——绝缘介质厚度。

由式（5-10-1）和式（5-10-2）可知：当母排与穿屏套管间缝隙越小，空气缝隙场强 E_1 越大，较小侧空气缝隙的场强比平均场强大很多，容易超过空气缝隙的绝缘强度。当气隙场强超过气隙绝缘场强时，气隙将产生放电，放电产生的带电粒子从空气缝隙溢出，到达介质表面后畸变原有的电场，从而降低了闪络电压。

（2）等值电路分析。绝缘材料（穿屏套管）与绝缘材料（母排热缩）之间形成的空气缝隙，可以看成是绝缘介质与空气缝隙的串联电路（如图5-10-4所示）。

当绝缘介质的绝缘性能优良时，气隙分得的电压较低，气隙放电概率较小，但在长期的工作电压及凝露、灰尘积污等影响下，整体绝缘电阻会下降，此时在正常工作电压下，气隙分得的电压必然增加。当气隙分得的电压增加到一定的程度，较小气隙侧产生放电。气隙的放电使绝缘介质本身性能进一步劣化，气隙分得的电压进一步增大，严重时出现可观察的明显放电现象。

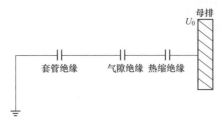

图 5-10-4　等值电路

4. 缺陷处置

通过上述分析，可采取有效措施使两者空气间隙增大来提高空气绝缘场强，或使两者紧密接触消除其空气间隙，由于母排安装应力极大，现场校正其对中位置较为困难，故采取将母排放电处包裹自黏式环氧树脂绝缘胶带的方法来增加母排绝缘厚度，以达到填补和消除空气间隙的目的，如图 5-10-5 所示。

图 5-10-5　空气间隙处置

对母排采用自黏式环氧树脂绝缘胶带进行包裹后，有效填补和消除了母排与穿屏套管接触处的空气间隙，同时还使母排的绝缘强度得到进一步增强。处理后，随即对10kV母线再次进行交流耐压试验，母线耐压试验通过，试验过程中再无放电现象出现。投运后再次对318、316开关柜进行超声波局部放电跟踪检测，原超声信号幅值最大点处测试值为12dB（如图5-10-6所示），所有检测数据正常。开关柜母排与穿屏套管间的放电缺陷得到完全消除。

图5-10-6　处理后超声波局部放电检测数据

● **5.10.5 监督意见及要求**

（1）在产品生产阶段，严格控制母排制作尺寸误差，开关柜内母线优先采用安装时便于调整的短排（单排长度为两柜中距离为宜）制造工艺，尽量避免采用长排工艺。严防产品质量不高的开关柜进入电网运行。

（2）由于铠装型金属封闭开关柜为空气绝缘配合复合绝缘的产品，在柜内绝缘件设计和选型方面，建议取消穿屏套管内部隔板，加大套管与母排间空气间隙，增加空气间隙绝缘强度。

（3）在开关柜母排安装阶段，检查和调整好套管内母线位置，使其尽量居中，从而改善套管内部电场分布，使之尽量均匀，有效提高空气间隙的击穿电压，还可减轻或避免电晕现象，减缓套管的绝缘老化。

（4）在运维检修阶段，严格执行开关柜各项检修质量要求，检修时认真处理母线室内灰尘、积污，提升绝缘介质沿面绝缘水平，严格开展母线停电试验工作。

（5）优化开关柜内运行环境，避免高压室内出现浮尘，在高压室加装排风装置并定期开启除湿机，保持室内通风，严格控制环境温湿度防止潮湿气候造成凝露，确保开关柜良好运行环境。

（6）加强电缆沟及开关柜内封堵，防止潮湿阴雨天气造成电缆沟内湿气倒灌入高压室。

5.11 10kV 开关柜断路器制造工艺不佳导致动静触头接触不良

- 监督专业：电气设备性能
- 设备类别：断路器
- 发现环节：运维检修
- 问题来源：设备制造

● 5.11.1 监督依据

Q/GDW 1168—2013《输变电设备状态检修试验规程》

● 5.11.2 违反条款

依据 Q/GDW 1168—2013《输变电设备状态检修试验规程》5.11.1.1 规定，真空断路器主回路电阻测量初值差小于30%；5.8.1.7 条规定，例行检查和测试时，轴、销、锁扣、机械传动部件检查，如有变形或损坏应予更换；操动机构外观检查，如按力矩要求抽查螺栓、螺母是否有松动，检查是否有渗漏等。

● 5.11.3 案例简介

2020年10月29日，检修人员对某110kV变电站内10kV设备进行例行检查，发现344断路器B相、306断路器B相回路电阻数据值存在异常；304断路器A相动静触头合闸不到位，无法测得机械特性数据，怀疑以上三台断路器内部存在接触不良故障。

三组断路器同型号为VS1（ZN63A），2007年11月出厂，2007年12月投运，其铭牌参数如图5-11-1所示。

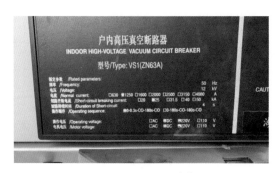

图5-11-1　断路器铭牌参数图

● 5.11.4 案例分析

1. 现场初步试验情况

试验人员对306、344、304断路器开展试验诊断，试验环境温度18℃，相对湿度70%。

（1）回路电阻试验。采用L3291回路电阻测试仪对上述开关柜间隔的断路器动静触头间的回路电阻进行测量，测试结果和试验数据如图5-11-2、表5-11-1所示。

(a) 344断路器B相回路电阻试验结果

(b) 306断路器B相回路电阻试验结果

图5-11-2　断路器回路电阻测试结果

▼ 表5-11-1 断路器回路电阻试验数据

设备编号	相别	交接试验值（μΩ）	本次测试值（μΩ）	初值差（%）
断路器344	A	65	68	4.6
	B	69	386.9	460.7
	C	71	79	11.2
断路器306	A	41	47.1	14.8
	B	40	163.3	308.2
	C	38	45.5	19.7
断路器304	A	41	开路	—
	B	39	43.2	10.7
	C	44	47.4	7.7
仪器仪表		回路电阻测试仪L3291(3291105)		

由表5-11-1可知，344断路器B相、306断路器B相的初值差分别高达460.7%、308.2%，远超过Q/GDW 1168—2013《输变电设备状态检修试验规程》5.11.1.1规定的真空断路器主回路电阻测量初值差小于30%的标准；而304断路器A相合闸不到位，回路电阻值无法测出。

（2）机械特性试验。采用开关特性测试仪DB-8001对上述间隔断路器进行机械特性试验。通过试验可知，334、306断路器机械特性试验合格；304断路器A相合闸波形曲线存在明显抖动，持续时间较长，最终动静触头处于非导通状态，导致未能采集到A相分合闸数据。测试结果和试验数据如图5-11-3、表5-11-2所示。

根据上述试验结果，初步判断334、306断路器B相真空泡或绝缘筒内部接触不良；304断路器A相动静触头接触深度不够，待进一步进行解体检查。

2. 解体检查及分析

为进一步确认10kV Ⅰ段344间隔断路器B相、306间隔断路器B相、304

间隔断路器A相内部情况，试验人员对其进行解体检查。

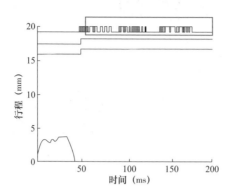

图5-11-3 304间隔断路器机械特性合闸波形曲线

▼ 表5-11-2 断路器机械特性试验数据

设备编号	相别	合闸时间(ms)	不同期(ms)	分闸时间(ms)	不同期(ms)	线圈电阻(Ω)		低动作电压(V)	
						分闸	合闸	分闸	合闸
断路器334	A	45.1		26.4					
	B	45.1	0.4	26.2	0.2	187	142	114	95
	C	45.5		26.3					
断路器306	A	46.3		25.5					
	B	45.3	1.3	26.0	0.5	187	135	97	92
	C	46.6		25.6					
断路器304	A	—		—					
	B	46.0	—	24.5	—	185	134	102	83
	C	46.7		24.4					
仪器仪表: 开关特性测试仪DB-8001									

306断路器B相存在动触头导电杆与软连接间抱箍螺栓松动现象，且静端面有黑色污渍，导致静端面与静支架接触不平，如图5-11-4所示。

原因分析：①厂家在紧固螺栓过程中，未采用力矩扳手按照螺栓的额定拧紧力矩进行紧固；②厂家在安装过程中不够细心，静端面上存在黑色污渍。

(a) 306断路器导线夹螺栓松动   (b) 306断路器静端面有黑色污渍

图5-11-4　306断路器B相问题

344断路器B相存在动支架与下触臂的螺栓滑丝迹象，还存在动触头导电杆与软连接间抱箍螺栓松动现象，如图5-11-5所示。

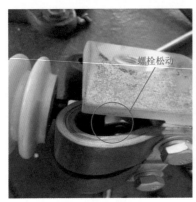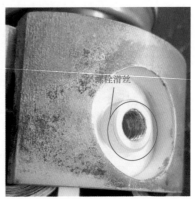

(a) 导线夹螺栓松动   (b) 动支架与下触臂的螺栓滑丝

图5-11-5　344断路器B相问题

原因分析：①厂家在紧固螺栓过程，未采用力矩扳手按照螺栓的额定拧紧力矩进行紧固；②螺栓的螺纹不匹配，导致螺栓滑丝。

304断路器A相存在动触头导电杆与软连接间抱箍螺栓松动现象，且左软导线片与动支架平面不平行，在合闸时软导线片上端角顶到动支架，导致合闸不到位，如图5-11-6所示。

原因分析：①厂家在紧固螺栓过程，未采用力矩扳手按照螺栓的额定拧紧力矩进行紧固；②厂家安装工艺不良。

(a) 左软导线片存在端角部分　　　　(b) 动支架有顶触痕迹

图 5-11-6　304 断路器 A 相问题

3. 处理措施

对 306 断路器的处理：动触头导电杆与软连接间抱箍螺栓进行紧固。

对 344 断路器的处理：①更换其动支架；②将动触头支架与下触臂螺栓的纹路用锯刀进行打磨。

对 304 断路器的处理：①左软导线片位置调整与动支架相平；②更换新的真空泡。

同时，对三个断路器的所有接触面进行清洁，处理后再次对上述断路器进行机械特性试验及回路电阻试验，结果如表 5-11-3 和表 5-11-4 所示，各项数据均合格，表明断路器故障已经消除。

▼ 表5-11-3　　　　　　　大修后各断路器回路电阻试验数据

设备编号	修后A相测试值（μΩ）	修后B相测试值（μΩ）	修后C相测试值（μΩ）
断路器344	测试电流：197.40a 测试电压：9.3987mv 回路电阻 47.6 测试时间：00s	测试电流：197.44a 测试电压：9.7005mv 回路电阻 49.1 测试时间：00s	测试电流：197.44a 测试电压：9.7704mv 回路电阻 49.1 测试时间：00s

续表

设备编号	修后A相测试值（μΩ）	修后B相测试值（μΩ）	修后C相测试值（μΩ）
断路器306	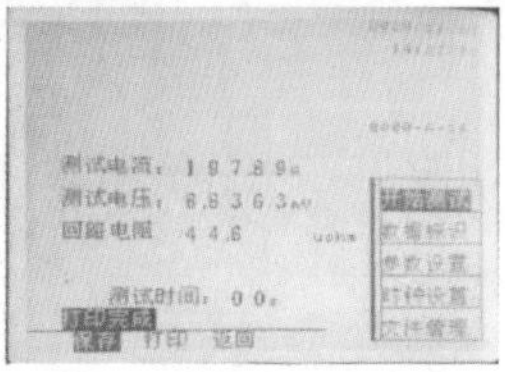	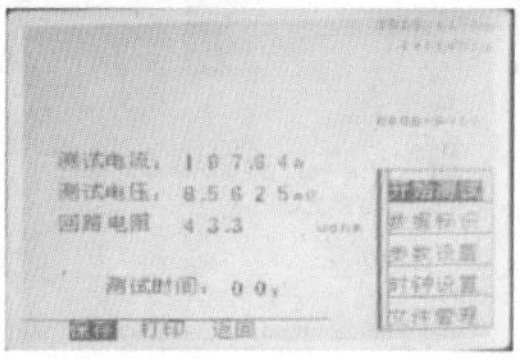	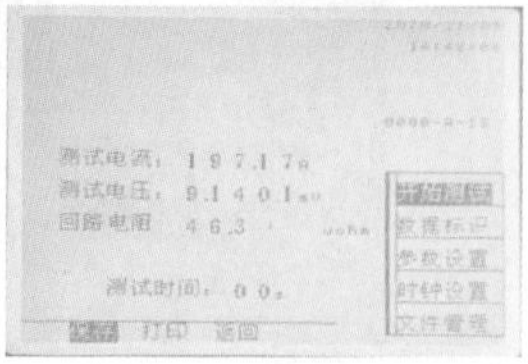
断路器304	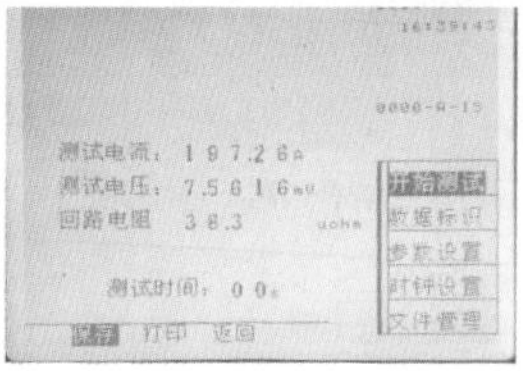	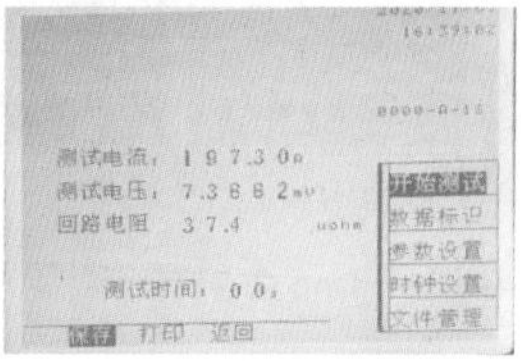	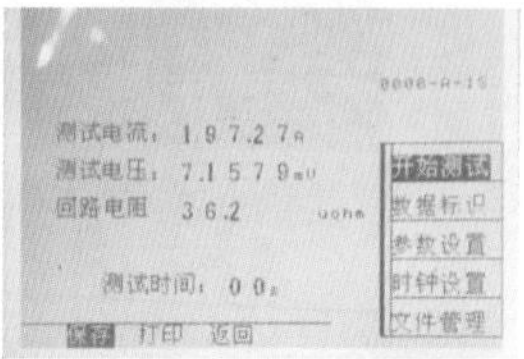
仪器仪表	回路电阻测试仪L3291(3291105)		

▼ 表5-11-4　　　　　　大修后304断路器机械特性试验数据

合闸时间(ms)	分闸时间(ms)	低合电压(V)	低分电压(V)
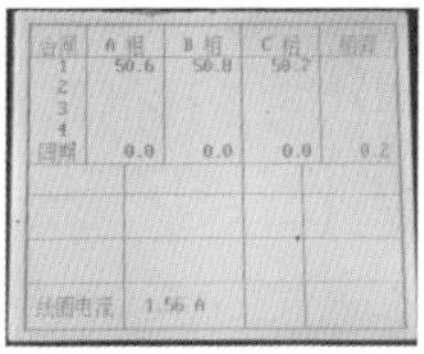	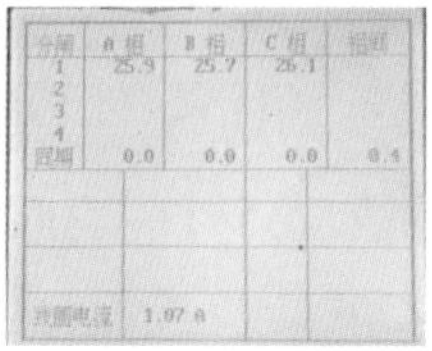	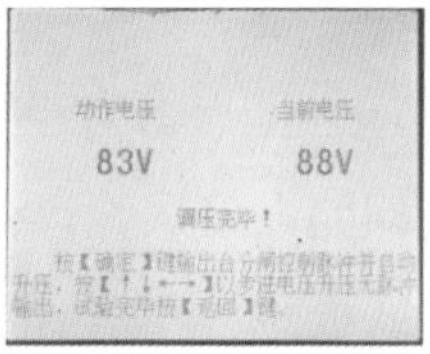	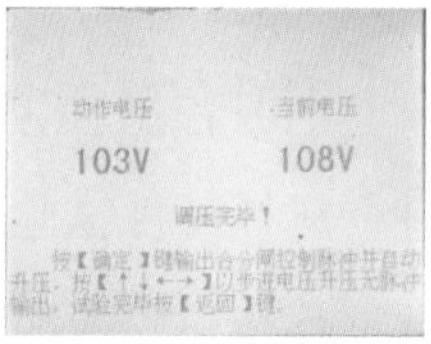
仪器仪表	开关特性测试仪DB-8001		

● 5.11.5 监督意见及要求

（1）该厂家在断路器制作过程中，未严格按照相应的工艺要求、流程执行，应加强安装过程中每个环节的监督，特别是对断路器动触头导电杆与软连接间抱箍螺栓的紧固工艺应加强把关，选择业绩优秀、产品质量过关的供应商。

（2）全面加强对同厂家同类型断路器隐患检查，包括进行带电测试项目（红外精确测温）及停电测试项目（外观检查、断路器机械特性试验、断路器回路电阻测试），对有异常的断路器要及时跟踪，准确掌握设备状况。

（3）自动投切电容器组间隔断路器合、分闸频率频繁，应重点关注对其可能存在的隐患的排查。

5.12 10kV开关柜因电缆头制作工艺不良导致出线电缆头局部放电异常

- 监督专业：电气设备性能
- 设备类别：开关柜
- 发现环节：运维检修
- 问题来源：设备制造

5.12.1 监督依据

《关于印发〈湖南省电力公司变电设备专业化巡检管理规定〉的通知》（湘电公司生〔2012〕86号文）

5.12.2 违反条款

依据《关于印发〈湖南省电力公司变电设备专业化巡检管理规定〉的通知》（湘电公司生〔2012〕86号文）附件1.6规定，暂态地电压异常：相对值大于等于20dB时应停电检查；超声波局部放电检测：正常时数值小于等于8dB，异常时数值大于8dB且小于等于15dB，缺陷时数值大于15dB。

5.12.3 案例简介

2016年3月3日，检修人员在某220kV变电站10kV高压室开展开关柜局部放电检测（暂态地电压、超声波），检测发现314开关柜后下柜门存在异常超声信号。3月4日，对314开关柜进行跟踪检测发现超声波信号增强。3月5日，对314开关柜进行停电检查，发现出线电缆头制作工艺不良，导致A相电缆出线场分布不均匀，同时B相电线上纸质塑封标识牌未拆除，标识牌从B相搭接至A相，进一步诱发A、B相电缆产生放电。拆除电缆头标识牌并对A相电缆头绝缘处理后复电，进行带电局部放电检测，暂态地电压及超声波数据恢复正常。

● 5.12.4 案例分析

1. 现场检测

（1）初步局部放电检测。3月3日，检测人员在314开关柜进行局部放电检测，数据如表5-12-1所示。检测时314间隔负荷电流为33A，现场通过PLUS+ TEV听筒可听到明显放电声，且超声波局部放电信号数值为8~15dB，属于异常状态。

▼ 表5-12-1　　　　　　　314开关柜局部放电检测结果　　　　　　dB

检测时间	暂态地电位（TEV）测量 背景（2dB）					超声波测量 背景（-5dB）				
	前上	前中	前下	后上	后下	前上	前中	前下	后上	后下
3月3日	6	8	9	10	8	-5	-5	-5	-4	14

（2）局部放电跟踪检测。3月4日，对314开关柜进行带电跟踪检测。检测结果表明，314开关柜前后暂态地电压、红外、特高频局部放电均合格，除后柜门下部以外的其他部位超声波检测信号也在合格范围内。其后柜门下部超声波信号不合格部位集中在314开关柜后柜门右下角区域（出线电缆隔室），信号较前一日有所增强，通过PLUS+ TEV听筒可听到明显的放电声，超声信号在11~18dB变动，该开关柜存在缺陷。

2. 设备检查及原因分析

3月5日，将314开关柜停电，打开314开关柜后柜门后发现电缆隔室电缆纸质塑封标识牌未拆除，A相电缆头附近存在焦黑放电痕迹，并有白色粉末附着于电缆表面，电缆头附近的纸质塑封标识牌有一个弧形烧蚀缺口。整体情况如图5-12-1和图5-12-2所示。

图5-12-1 314开关柜电缆纸质塑封标识牌未拆除

图5-12-2 314开关柜电缆头放电痕迹

对电缆头进行检查后发现，电缆头制作工艺不佳，在对铜屏蔽层末端进行切割时断口未处理平滑，导致A相外冷缩套出现损伤痕迹，如图5-12-3~图5-12-5所示。

图5-12-3　A相铜屏蔽层末端图像　　图5-12-4　A、B相铜屏蔽层末端图像

图5-12-5　A相电缆外冷缩套损伤痕迹

综合上述检查情况，本次局部放电异常事件的主要原因是电缆头制作工艺不佳导致A相电缆出线电场分布不均匀，又加之B相电缆上纸质塑封标识牌未拆除，标识牌从B相搭接至A相，进一步诱发B相电缆与A相电缆产生放电，危害电缆绝缘。

3. 处理措施

对该间隔的断路器、电流互感器、避雷器、下端引线支撑绝缘子进行停电绝缘试验，试验结果合格。检修人员将尺寸过大的电缆头标识牌拆除，并对A相电缆头进行绝缘处理。处理完复电后进行带电局部放电检测，暂态地电压及超声波数据无异常。

● **5.12.5 监督意见及要求**

（1）对使用了314间隔出线电缆同厂家、同型号、同批次的设备尽快安排进行全面的检查工作，找出潜在的安全隐患。对不合格设备进行更换。

（2）加强设备验收工作。对于电缆重点检查电缆头制作质量，避免因电缆头制作工艺不佳导致的电缆头绝缘异常。对电缆出线室内遗留物进行清理，确保出线室内干净整洁。

（3）设备投运后，应加强巡视和带电检测，及时发现设备潜在隐患，防止电网事故发生。

5.13 10kV开关柜断路器相间绝缘隔板积污受潮导致悬浮放电

● 监督专业：电气设备性能　　● 设备类别：断路器
● 发现环节：运维检修　　　　● 问题来源：设备制造

● **5.13.1 监督依据**

Q/GDW 1168—2013《输变电设备状态检修试验规程》
《国网湖南省电力公司12～40.5kV高压开关柜全过程管理重点措施》

● **5.13.2 违反条款**

（1）依据Q/GDW 1168—2013《输变电设备状态检修试验规程》5.12.2.1规定，采用超声波法局部放电检测（带电）时无异常放电。

（2）依据《国网湖南省电力公司12～40.5kV高压开关柜全过程管理重点措施》第十一条规定，高压开关柜内断路器应选用固封极柱式真空断路器或六氟化硫断路器，本体和机构应为一体化设计。

5.13.3 案例简介

2017年6月2日，试验人员对某110kV变电站10kV开关柜进行局部放电带电检测，发现10kV 320 2号主变压器低压侧开关柜断路器室存在特高频信号，且图谱和悬浮放电典型图谱一致。

该开关柜型号为KYN800A-10-105，1998年3月出厂，最近例行试验时间为2017年6月。

5.13.4 案例分析

1. 带电检测情况

（1）超声波局部放电带电检测。如图5-13-1和图5-13-2所示，现场利用PDS-T90仪器对开关柜进行超声波局部放电检测，发现10kV 320主变压器低压侧开关柜超声波异常，且断路器室缝隙处测点的信号幅值较大，最大测试值为20dB，背景测试值为-3dB。为确保检测结果的准确性，对320开关柜及相邻开关柜进行了超声波局部放电检测复测，320开关柜仍存在超声波信号，超声波出现100Hz和50Hz相关性，且100Hz相关性远大于50Hz相关性，达0.4mV，而310开关柜超声波亦无异常。

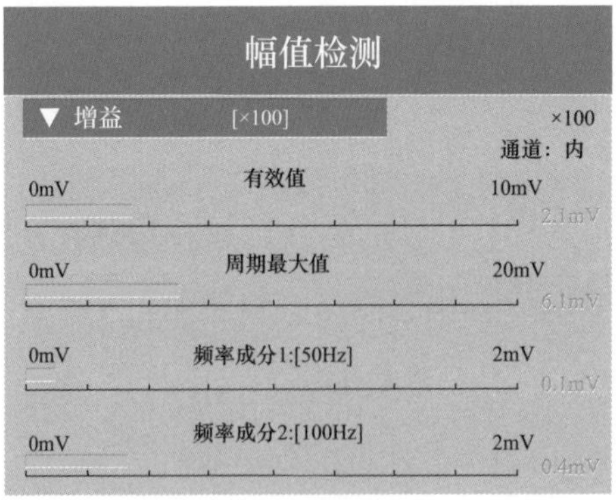
幅值检测
▼ 增益
[×100]
×100
通道：内
0mV
有效值
10mV
2.1mV
0mV
周期最大值
20mV
6.1mV
0mV
频率成分1:[50Hz]
2mV
0.1mV
0mV
频率成分2:[100Hz]
2mV
0.4mV

图5-13-1　320开关柜超声波T90测试值

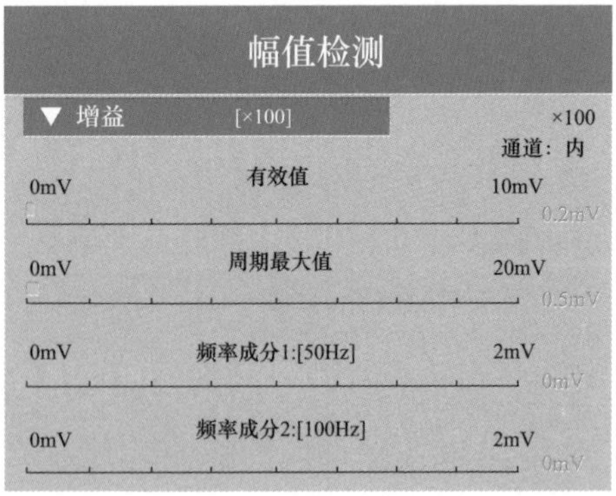
幅值检测
▼ 增益
[×100]
×100
通道：内
0mV
有效值
10mV
0.2mV
0mV
周期最大值
20mV
0.5mV
0mV
频率成分1:[50Hz]
2mV
0mV
0mV
频率成分2:[100Hz]
2mV
0mV

图5-13-2　310开关柜超声波T90测试值

（2）暂态地电压检测。利用便携式局部放电测试仪UTP14555对320开关柜及相邻开关柜进行了暂态地电压局部放电测试，测试结果如图5-13-3所示，测试结果发现320开关柜暂态地电压测试值偏大，但属于正常范围内（测试值-背景值<20dB）。

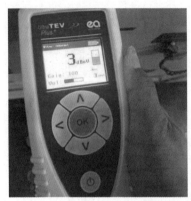 

(a) 暂态地电压测试背景值　　　　　　　(b) 320开关柜暂态地电压测试值

图5-13-3　320开关柜2号主变压器低压侧开关柜暂态地电压测试

（3）特高频局部放电带电检测。利用PDS-T90仪器对320开关柜进行特高频测试，测点位置为开关柜的玻璃可视窗。因未进行电压外同步，放电相位存在一定偏差，测试图谱如图5-13-4所示。图谱放电信号在工频相位的正、负半周均出现，具有一定对称性，放电信号幅值较大且相邻信号时间间隔基本一致，放电次数少，放电重复率低，具备悬浮电位放电缺陷典型图谱。

对相邻的318间隔及310间隔开关柜进行特高频放电检测，均无特高频信号。

2. 停电检查及试验

对断路器本体进行检查，发现320断路器绝缘隔板距带电体距离较近，且表面积污严重如图5-13-5所示。

对该断路器进行诊断性试验，机械特性及回路电阻测试均合格，对比上次例行试验数据无明显差异，如表5-13-1和表5-13-2所示。

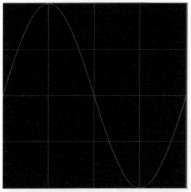
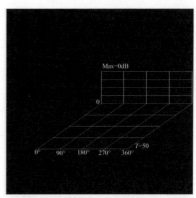

(a) 320开关柜背景测试信号

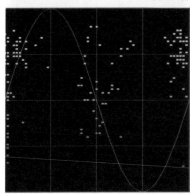
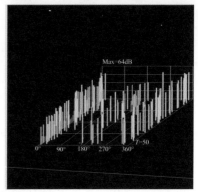

(b) 320开关柜测试信号

图 5-13-4　320开关柜特高频测试

(a) 整体视图　　　　　　　　　　(b) 局部视图

图 5-13-5　320断路器外观检查情况

▼ 表5-13-1　　　　　机械特性试验数据及上次例行试验数据　　　　　ms

测试日期	机械动作特性	相别			相间不同期
		A	B	C	
2013-08-13	合闸时间	47.6	46.3	46.7	1.3
	分闸时间	40.3	41.1	41.5	1.2
2017-06-03	合闸时间	48.9	47.1	47.9	1.8
	分闸时间	41.6	42.1	42.6	1.0

▼ 表5-13-2　　　　　回路电阻试验数据及上次例行试验数据　　　　　μΩ

测试日期	相别		
	A	B	C
2013-08-13	21.2	20.3	22.4
2017-06-03	20.5	19.9	19.8

绝缘方面，相对地、相间及断口间绝缘电阻均未出现明显下降。在进行断路器整体对地交流耐压试验时，升压至32kV时，断路器下出线臂固定座对绝缘隔板及金属闭锁杆放电。将断路器表面及绝缘隔板表面积污擦拭干净，再次进行交流耐压试验，加压至33.6kV，耐压值45s时，断路器再一次出现放电，放电部位及通道和第一次耐压试验时相同。将绝缘隔板拆除，又进行一次耐压试验，耐压值33.6kV，时间1min，耐压通过。

3. 缺陷诊断分析

综合超声波、暂态地电压及特高频局部放电检测，可以判断320 2号主变压器低压侧开关柜存在内部悬浮放电缺陷。耐压试验时，根据放电现象及放电部位，可以推断放电发生的原因：断路器相间绝缘隔板表面存在明显积污，再加上受潮等因素，其沿面闪络电压明显下降，且绝缘隔板距离放电相C相更近，绝缘强度降低。

整体交流耐压时，下出线臂固定金属座带高压，其对金属闭锁杆的绝缘可以等效两个电容路径的并联，如图5-13-6所示，黄色路径电容C表示通过空气的绝缘，红色路径C1、C2、C3分别表示固定座对绝缘隔板绝缘、绝缘隔板表面绝缘、绝缘隔板对金属闭锁杆绝缘。绝缘隔板脏污、受潮情况下，表面闪络电压降低，即C2绝缘强度变低；绝缘隔板与金属固定座、闭锁杆距离过小，C1、C3绝缘耐受强度也会降低。因此，电容C1→C2→C3路径的绝缘强度较电容C的路径绝缘强度低，等效于在高电位与地电位电容C中并联了一个绝缘强度较弱的电容C1→C2→C3，在试验电压升高过程中，通过C1→C2→C3路径产生爬电，红色路径绝缘首先击穿，导致电弧放电。取下绝缘隔板时，红色路径消失，耐压通过，和试验结果保持一致。

同时，该型断路器相间绝缘隔板采用不饱和聚酯（SMC）玻璃纤维材质产品，而SMC在成型过程中容易导致绝缘隔板内部产生空隙，形成绝缘缺陷。如图5-13-7所示，且SMC玻璃纤维绝缘隔板有长期耐温性能差、易积污、易老化、易变形等缺点，这些因素都可能降低绝缘隔板介电性能。开关柜带电运行，积污受潮的绝缘隔板在电场之中，处于悬浮电位，与带电体及接地的金属闭锁杆距离较近时，产生悬浮电位信号。

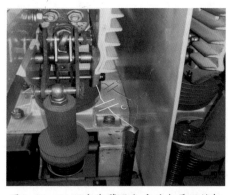

图5-13-6　下出线臂固定座对金属闭锁杆
的绝缘等效路径

图5-13-7　隔板移开后的绝缘等效路径

● **5.13.5 监督意见及要求**

（1）开关柜内不宜采用不饱和聚酯玻璃纤维（SMC）绝缘隔板，对同类型开关柜进行重点排查，防止因类似原因导致开关柜绝缘故障。

（2）提升开关柜设备检修质量，严格做好柜内设备防污、防尘及绝缘件的检查、清扫工作。严格把控高压室运行环境，高压配电室必须加装空调、除湿机。

（3）开关柜内设备选型严格遵守国网公司输变电工程通用设计、通用设备的要求，断路器应选用固封极柱式真空断路器或六氟化硫断路器，本体和机构应为一体化设计。

5.14 10kV开关柜断路器装配工艺不佳导致导电回路异常放电、发热分析

- ● 监督专业：电气设备性能
- ● 设备类别：断路器
- ● 发现环节：运维检修
- ● 问题来源：安装调试

● **5.14.1 监督依据**

GB 50150—2016《电气装置安装工程　电气设备交接试验标准》

● **5.14.2 违反条款**

依据GB 50150—2016《电气装置安装工程　电气设备交接试验标准》11.0.5规定，合闸过程中触头接触后的弹跳时间，40.5kV以下断路器不应大于2ms。

● **5.14.3 案例简介**

2017年4月25日，变电检修公司对某110kV变电站10kV Ⅰ段设备C类检

修时发现南冷线312断路器特性试验分合闸三相不同期，试验不合格。

2018年1月25日，该变电站10kV存在接地故障，经现场检查发现南董Ⅰ回304断路器A相断路器绝缘外壳烧坏，将304断路器拖出开关柜后，接地故障消失。

2018年2月6日，运检人员对该110kV变电站10kV南白Ⅰ回334断路器投运前C类检修时发现断路器A相回路电阻试验不合格，最近一次检修试验时间为2017年4月25日。

以上10kV断路器型号均为VS1(ZN63A)，2006年10月出厂，2007年2月投运。

● 5.14.4 案例分析

1. 现场试验

（1）312断路器分合闸同期试验。现场使用断路器特性测试仪对312断路器进行分合闸同期试验，结果如表5-14-1所示。从试验结果分析，B相存在缺陷，需要解体进行排查。

▼ 表5-14-1　　　　　　　　312断路器分合闸试验结果　　　　　　　　ms

试验项目	A	B	C	三相同期
合闸时间	45.3	51.2	45.8	5.9
分闸时间	27.8	28.8	27.6	1.0

（2）334断路器回路电阻测试。现场使用回路电阻测试仪对334断路器的回路电阻进行测量，结果如表5-14-2所示。结合最近一次试验结果分析，A相存在缺陷，需要解体进行排查。

▼ 表5-14-2　　　　　　　　334断路器回路电阻试验结果　　　　　　　　μΩ

试验项目	A	B	C
本次试验	70	40.1	40.1
上次试验	39.8	39.6	39.1

2.解体检查

（1）312断路器解体检查。2017年4月26日，检修人员将原该变电站312断路器在检修车间进行绝缘拉杆调试时，发现该断路器始终无法将同期调整到合格范围内，进一步解体检查时发现B相绝缘拉杆有放电现象，且绝缘拉杆有破损，绝缘拉杆与真空泡下支架连接部位也没有并帽螺母固定，将312断路器外绝缘打开后发现该断路器导电部位存在多处发热痕迹，导致导电回路发热现象严重，且触指臂内嵌铜螺母与触指臂连接位置高度一致甚至有的存在突出现象，导致铜螺母挡住触指臂与支架之间连接，造成放电烧熔现象，如图5-14-1~图5-14-5所示。在解体过程中发现各个导电回路的固定螺栓有松动现象。

图5-14-1　导电回路发热

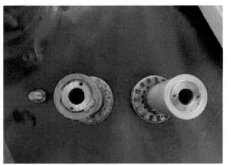

图5-14-2　导电回路放电

图5-14-3　导电回路发热及拉棒无并帽螺母

图5-14-4　导电回路放电

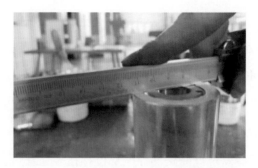

图5-14-5　内嵌螺母松动且平行该触指臂接触面

（2）304断路器解体检查。2018年1月26日，检修人员对304断路器烧坏进行解体检修时发现该断路器A相真空泡上支架有明显放电烧熔现象，真空泡严重烧坏，打开后发现真空泡内部存在烧坏问题，如图5-14-6~图5-14-8所示。该断路器导电回路之间也有部分固定螺栓松动现象。真空泡绝缘拉杆与下支架并帽螺母没有卡死支架部位。

图5-14-6　绝缘外　　　图5-14-7　真空泡内部烧坏　　　图5-14-8　上支架烧熔
壳烧损

（3）334断路器解体检查。2018年2月8日，检修人员对334断路器回路电阻不合格解体检修时发现该断路器A相存在下支架固定螺母炸裂、导电回路多处发热变色、导电回路固定螺栓固定不到位的问题，现场多次对该断路器进行修理组装，都无法降低其回路电阻，回路电阻一直徘徊在50μΩ左右，但每个固定螺栓都已经紧固到位，最后检查发现回路电阻大多是由于该相真空泡上下支架的软连接部分螺栓过长引起，将所有螺栓全部更换为较短螺栓后，回路电阻降低到40μΩ左右，并且发现每个软连接的厚度存在差异，有5.7、5、4mm三个尺寸。5.7mm的软连接上下支架都没有发热现象，其他尺寸均有不同程度的发热现象，3个绝缘拉杆与下支架的并帽螺栓部分存在缺失，或者并帽螺栓未卡死。如图5-14-9~图5-14-12所示，真空泡下支架与断路器下触臂之间连接的导电座尺寸也有偏差，外径一致，内径缺差了1mm以上，如图5-14-13所示。

图5-14-9 不同厚度的软连接

图5-14-10 发热变色的下支架

图5-14-11 拉棒与下支架无并帽螺母

图5-14-12 下支架与触指臂连接螺母炸裂

图5-14-13 左侧固定底座内径明显大于右侧内径

3. 原因诊断分析

对三台断路器解体检修后发现存在共性问题居多：

（1）以上三台断路器导电回路均有连接螺栓松动现象，这是由于断路器在装备时工艺没有到位，导致接触面发热。

（2）以上三台断路器的触指臂内嵌铜螺母均有松动现象，且有的铜螺母已高于触指臂与支架连接部位，导致接触面无法正常接触，这是由于断路器在装备时工艺没有到位，导致间隙放电发热。

（3）以上三台断路器的绝缘拉杆与真空泡下支架连接部位并帽螺母部分存在缺失，部分未紧固，导致断路器行程上出现不稳定，这是由于断路器在装备时工艺没有到位，导致三相不同期现象。

（4）下支架连接螺母炸裂原因为固定螺栓没有紧到位，螺栓只拧到了外螺母位置，没有到位，受力点也只在外部，内部螺母螺纹没有受力，加上长期发热致使其材质硬度降低，一受到外力紧固即崩掉外螺纹，如图5-14-14所示。

（5）以上三台断路器有个别导电座与下支架连接螺栓不起作用，这是由于固定螺栓卡主导电座连接下支架，可是固定螺栓却轻松穿过了导电座，原因是零部件厚度不一致，如图5-14-15所示，内径过大，连接导电螺栓无法

图5-14-14　下支架固定螺纹裂开

固定住导电回路，只有导电座的固定螺栓卡位，导致回路电阻在断路器从运行转试验后有一定程度的加大。

图 5-14-15　两个固定底座厚度相差 1mm

（6）以上三台断路器的支架软连接存在规格不一致现象，有 5.7、5、4mm 不同厚度的软连接存在同一台断路器当中，但是 5.7mm 厚度的软连接不存在发热现象，固定螺栓却是采用同一种规格，薄的软连接相较于厚的软连接受力较小，载流时也容易发热，在进一步对这几台断路器的软连接进行导电率与材质分析时发现，该软连接含铜量最高为 95.56%，导电率最高为 75.5%、低的甚至只有 57.4%，这批零部件存在一定的质量问题，如图 5-14-16~图 5-14-18 所示。

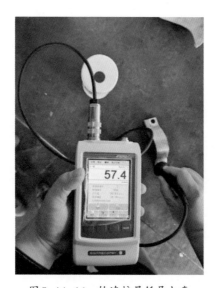

图 5-14-16　软连接最低导电率

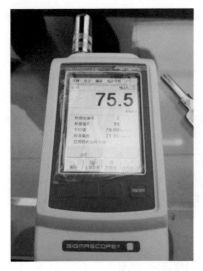

图 5-14-17　软连接最高导电率

图 5-14-18　软连接成分分析

综上所述，这三次事件的原因是断路器装配工艺不良，在组装断路器时主导电回路存在螺栓紧固与组装工艺差、使用的零配件规格不一、甚至少装或不装固定零部件等现象，导致这几台断路器出现这么多共性发热、放电问题。

● 5.14.5　监督意见及要求

1. 验收阶段

（1）对开关柜实施全过程管控，对于开关柜（包含断路器）应提供各零部件规格及材质标准，要求制作单位、厂家对其进行全寿命负责。

（2）严格按照"五通一措"及《国家电网公司变电验收通用管理规定　第2分册　断路器验收细则》《国家电网公司变电验收通用管理规定　第5分册　开关柜验收细则》的要求进行验收。

2. 运行阶段

加强C类检修中试验标准，对于数据有明显偏差的，应提高警惕，必要时进行解体检修，查出问题所在。

5.15 10kV开关柜母线受潮导致局部放电信号超标分析

● 监督专业：设备电气性能　　　● 设备类别：开关柜
● 发现环节：运维检修　　　　　● 问题来源：运维检修

● 5.15.1 监督依据

DL/T 2277—2021《电力设备带电检测仪器通用技术规范》
GB 50150—2016《电气装置安装工程　电气设备交接试验标准》

● 5.15.2 违反条款

（1）依据DL/T 2277—2021《电力设备带电检测仪器通用技术规范》第
11章规定，开关柜超声波局部放电检测，正常时无典型放电波形或声响，且
数值小于等于8dB，异常时数值大于8dB且小于等于15dB，缺陷时数值大于
15dB；开关柜暂态地电压检测，正常时相对值小于等于20dB，异常时相对值
大于20dB。

（2）依据GB 50150—2016《电气装置安装工程　电气设备交接试验标
准》16.0.2规定，35kV及以下电压等级的支柱绝缘子的绝缘电阻，不应低于
500MΩ。

● 5.15.3 案例简介

　　某供电公司通过开关柜带电检测发现35kV变电站A、35kV变电站B、
35kV变电站C和10kV开关站D的开关柜超声波信号异常，其主要表现为开关
柜后上柜超声信号异常，开关柜母线室泄压通道上方超声信号超标，开关柜
型号为KYN28–12。通过停电检查和试验发现，开关柜母线室整体受潮，母线
室顶部有大量凝露，母线整体绝缘电阻偏低，母线室穿柜套管、断路器上静

触头、母线支柱绝缘子出现明显的白色爬电痕迹。通过现场检查判断母线室受潮的主要原因为高压室环境湿度较大，母线室没有散热通风通道和轴流风机导致母线室潮气大量聚集，诱发绝缘件损坏，进而引起局部放电。

● 5.15.4 案例分析

1. 带电检测

以35kV变电站A为例，2021年1月26日测得该变电站开关柜前柜断路器室带电检测数据正常，开关柜后柜超声信号情况如图5–15–1所示（其中302和3001间隔处于热备用状态）。由图5–15–1可知，开关柜后下柜超声信号正常，后上柜中3×14、304开关柜能听到局部放电超声信号，其中3×14间隔超声信号最为明显，最大幅值为19dB（超声信号背景值为–6dB）。

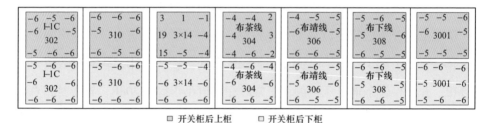

□ 开关柜后上柜   ■ 开关柜后下柜

图5–15–1   3×14后柜超声波幅值分布情况

随后，试验人员对过桥母线柜（测试无异常）及各馈线柜母线室进行超声波检测，发现各柜体母线室均有不同程度的超声异常信号，其测量数据分布如图5–15–2所示（测试位置为各开关柜柜顶母线室和电缆室的泄压盖板处）。

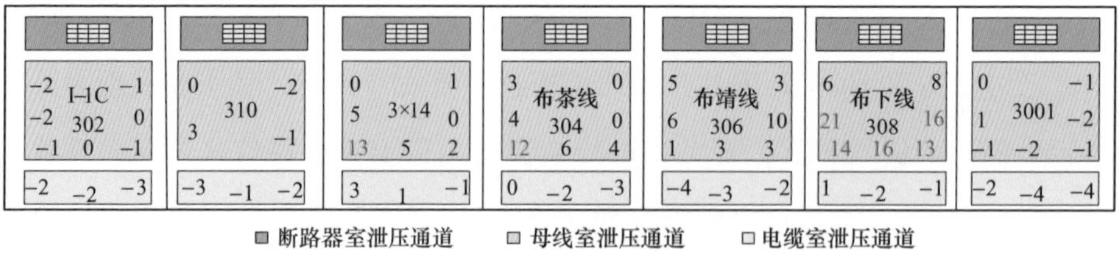

■ 断路器室泄压通道   □ 母线室泄压通道   □ 电缆室泄压通道

图5–15–2   开关柜母线室柜顶超声异常信号分布图

由图5-15-2可知，308开关柜超声波最大检测数据为21dB（大于15dB），为缺陷，各开关柜母线室超声信号均有不同程度异常，且无横向单一增强或衰减变化趋势，说明异常信号不是来自一个点，而是多个点，初步判断开关柜母线整体可能存在放电缺陷，3×14后柜左中部测得的超声异常信号可能来自母线室。

2. 停电检查与试验

以35kV变电站A为例，2021年2月7日（天气晴），对该变电站开关柜进行停电消缺，发现开关柜母线室顶部内侧泄压盖板存在大量水珠，部分母线室顶盖螺栓存在明显锈蚀，支柱绝缘子有明显的爬电痕迹，上静触头盒内有积水，且外表面有明显的受潮放电痕迹，穿屏套管有明显的油腻感，母排绝缘护套内有大量水珠，如图5-15-3所示。

通过现场检查，发现开关柜母线室存在大面积受潮，并由于长时间受潮导致部分绝缘件绝缘损坏形成放电通路进而产生局部放电超声信号。该变电站开关柜母线室采用了全封闭结构，母线室内部的潮气无法排出，同时由于母排和母排搭接处发热，导致母线室内温度明显高于母线室外温度，当环境温度降低时，会在母线室顶部形成大量水珠。顶部水珠聚集到一定程度由于重力作用跌落至支柱绝缘子、母排绝缘护套和上静触头盒内，导致支柱绝缘子上表面较下表面放电更严重［上表面爬电痕迹如图5-16-3（f）所示］，导致母排绝缘护套内有大量水珠［如图5-15-3（g）所示］，母排绝缘护套在开关柜内布置情况如图5-15-4（a）所示，导致断路器上静触头镀银层部分氧化严重，如图5-15-4（b）所示，但断路器下静触头镀银层完好。

对母排和绝缘件进行绝缘电阻测试，其中母排A、B、C整体绝缘分别为1.5、0.2、0.2MΩ，各间隔绝缘件的绝缘电阻测试结果如表5-15-1所示。

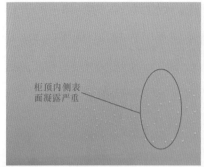

(a) 柜顶内表面凝露严重　　　　　　　(b) 柜顶螺栓锈蚀严重

(c) 上静触头盒存在受潮放电痕迹　　(d) 上静触头盒内有大量水分　　(e) 穿屏套管油腻感强烈

(f) 支柱绝缘子存在明显的爬电痕迹　　　　(g) 母排绝缘护套内有大量水珠

图 5-15-3　开关柜母线室现场检查情况

(a) 母排绝缘护套布置情况　　　　　　(b) 上静触头部分氧化严重

图 5-15-4　母线室潮气影响情况

▼ 表5-15-1　　　　　　　　各绝缘件绝缘电阻测试情况　　　　　　　MΩ

间隔	穿屏套管			触头盒			支柱绝缘子		
	A相	B相	C相	A相	B相	C相	A相	B相	C相
3001	15	30	36	10	8	5	2	3	8
308	4	6	80	30	5	5	5	6	8
306	35	8.4	13	2.5	2	2	5	6	2
304	15.2	5.4	68	4.7	3	4	1.1	32.3	32.3
3×14	79	75	92	32	32	35	32	32.3	55
310	+∞	+∞	+∞	+∞	+∞	+∞	+∞	+∞	+∞
302	+∞	+∞	+∞	+∞	+∞	+∞	+∞	+∞	+∞

由表5-15-1测试数据可知，3001、308、306、304、3×14开关柜内绝缘电阻低于标准要求，这也是开关柜内发生局部放电的直接原因。随后，对以上开关柜内进行风干，并对绝缘不合格的绝缘件进行更换，更换后母排A、B、C三相整体绝缘分别为40000、40000、50000MΩ，绝缘良好，三相交流耐压通过，运行电压下复测开关柜无异常超声信号。

通过停电试验检查发现，母线受潮在停电检查和试验阶段主要表现为：三相母线绝缘整体偏低；开关柜母线室柜顶存在凝露现象；断路器上静触头存在明显的氧化痕迹。受潮严重时还表现为穿屏套管、支柱绝缘子上出现大量白色放电痕迹，上静触头套管盒内有积水，高压室内有浓重刺鼻气味。

3. 原因分析

在高压室大环境方面，此类变电站周围环境湿度较大，其中35kV变电站A背靠大山，四周林木茂盛，农田较多，昼夜温差及空气湿度较大。10kV开关站D周围均属菜地，地下水丰富，电缆沟内部潮气严重。35kV变电站C旁是一片果园，土地湿润。部分高压室除湿机和空调不处于常投状态，导致环境湿度较大。

在开关柜小环境方面，大量开关柜电缆室底部的密封隔板密封不佳，留有较大缝隙，导致潮气容易进入，如图5-15-5所示。

电缆室密封盖板存在缝隙

图5-15-5　开关柜电缆室密封盖板存在缝隙

开关柜内电缆室装设了手动常投型加热器。当该加热器处于长期运行状态时，电缆沟中的低温冷空气受热上升流入电缆室，并通过断路器进入断路器室和母线室，由于断路器室上方装有散热风机，内部设有自动控制型加热器，潮气易于排出。但母线室由于柜顶无任何散热驱潮通道和措施，导致潮气在母线室大量聚集并在柜顶遇冷形成小水珠，其气流方向如图5-15-6所示。当柜顶小水珠不断聚集时，水珠会在重力作用下掉落至绝缘件上，导致绝缘件长时间受潮发生局部放电。同时，断路器室上方的散热风机没有处于常投状态，也是导致母线室受潮的一个重要原因。

● 5.15.5　监督意见及要求

（1）在变电站选址时，考虑环境湿度的影响。同时，结合巡视周期，特别是雨水季节时，缩短35kV及以下变电站的巡视周期，加强对高压室运行环境的关注，保证高压室的温湿度始终在合理区间。

（2）建议针对高压室的日常巡视维护中做好高压室运行温度和空气湿度的记录，开关柜柜内的温度、湿度应记录留档。

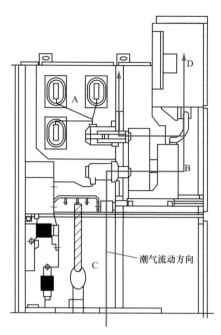

图5-15-6　各隔室与柜外空气贯通气流方向

（3）加大验收环节的管理，确保所有要投运的开关柜电缆室底板密封良好。配合停电检修，对电缆室底板密封不严的开关柜进行处理，确保电缆室底板密封良好。

（4）优先选用母线室带有散热驱潮通道或装有轴流风机的开关柜如图5-15-7所示，或者触头盒优先选用封堵型结构，减小断路器室与母线室及电缆室的空气流通。

（5）针对已投运的母线室无散热驱潮措施的开关柜建议技术改造或者保证断路器室上方的散热风机处于常投状态，通过断路器室的风机加强柜内潮气的外排。

（6）带电检测过程中，发现开关柜后上柜存在超声异常现象时，在保证安全的前提下开展母线室顶部泄压盖板的局部放电检测。

（7）加强对开关柜及装用的各种元件的凝露试验抽检和报告审查工作，严把设备入口关。

图 5-15-7　母线室带有散热驱潮通道的开关柜结构

5.16 10kV开关柜穿屏套管局部放电异常分析

● 监督专业：电气设备性能　　● 监督手段：带电检测

● 发现环节：运维检修　　　　● 问题来源：运维检修

● 5.16.1 监督依据

《国家电网有限公司十八项电网重大反事故措施》

《国网运检部关于印发变电设备带电检测工作指导意见的通知》（运检一〔2014〕108号）

● 5.16.2 违法条款

（1）依据《国家电网有限公司十八项电网重大反事故措施》12.4.1.16 规定，配电室环境温度超过5~30℃时，应配置空调等有效调温设施；室内日最大相对湿度超过95%或月最大相对湿度超过75%时，应配置除湿机或空调。

（2）依据《国网运检部关于印发变电设备带电检测工作指导意见的通知》（运检一〔2014〕108号）附录1变电设备带电检测项目、周期及技术要求规定，开关柜超声波局部放电检测，正常时无典型放电波形或声响，且数值小于等于8dB，异常时数值大于8dB且小于等于15dB，缺陷时数值大于15dB；开关柜暂态地电压检测，正常时相对值小于等于20dB，异常时相对值大于20dB。

● 5.16.3 案例简介

2021年1月29日，试验人员对某35kV变电站10kV开关柜开展超声波、暂态地电压及特高频局部放电带电检测。在10kV开关柜Ⅱ母缝隙处检测到异常超声波信号，靠近10kV泥文线318开关柜处幅值最大为31dB，根据数据分析判断为10kVⅡ母存在表面气隙放电。2021年2月8日，经停电检查分析，确认开关柜绝缘受潮，10kVⅡ母各间隔穿屏套管可见白色粉末状放电痕迹。初步对开关柜进行绝缘件表面清污和除潮处理后，恢复送电。

● 5.16.4 案例分析

1.设备基本资料

设备基本资料如表5-16-1所示。

▼ 表5-16-1　　　　　　　　　　　设备基本资料

设备型号	KYN28A-12
生产日期	2012-03
安装日期	2012-11-25

2. 监测情况

某35kV变电站10kV采用单母线分段带旁路接线方式，10kVⅠ母、Ⅱ母分列运行，1号主变压器、2号主变压器均在运行状态，一次接线图如图5-16-1所示。

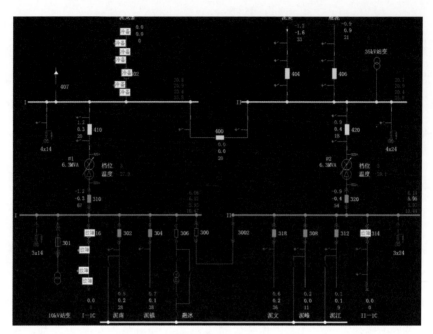

图 5-16-1　某 35kV 变电站一次接线图

　　使用多功能局部放电检测仪 PDS-T90 对站内 10kV 高压室内的开关柜进行超声波信号测试，在 10kV Ⅱ段母线缝隙处检测到明显的超声信号，靠近 10kV 泥文线 318 开关柜处信号幅值最大，超声周期最大值为 31dB，频率成分 1（50Hz）为 8dB，频率成分 2（100Hz）为 8dB，两者相等。检测数据如图 5-16-2 所示。

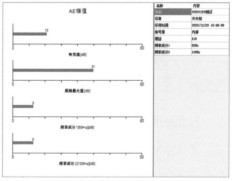

（a）超声波测试最大点　　　　　　　　（b）AE 幅值图谱

图 5-16-2　超声波测试最大点/AE 幅值图谱

进一步分析图5-16-3所示超声波相位和波形图谱，可知超声相位图谱及波形图谱具有工频相关性，相位图谱每个周期有两簇，具有明显的聚集效应，波形图谱每个周期有两组脉冲波形，呈现一大一小形状，且幅值大小不一，具有表面气隙放电特征，同时耳机中也有局部放电特征声音，根据这些超声特征，综合判断10kVⅡ段母线存在表面气隙放电的局部放电现象。

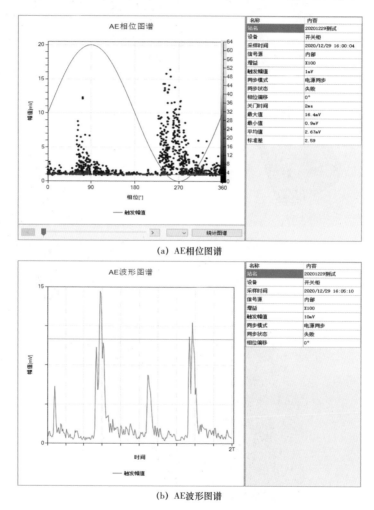

(a) AE相位图谱

(b) AE波形图谱

图5-16-3　AE相位图谱/AE波形图谱

3. 停电检查

2021年2月8日，某35kV变电站10kVⅡ母由运行转检修，进行10kVⅡ

母超声波检测异常停电检查。停电后对10kV Ⅱ母线仓进行开盖检查，发现
10kV Ⅱ母开关柜内有较多潮气，对所有穿屏套管逐一检查，发现各间隔穿屏
套管均有不同程度白色粉末状放电痕迹，如图5-16-4所示。

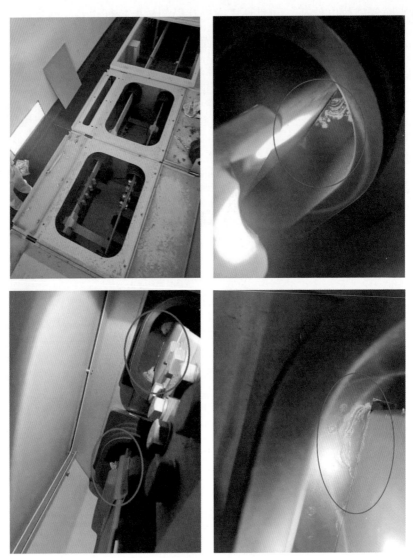

图5-16-4　10kV Ⅱ母各间隔穿屏套管检查情况

　　10kV Ⅱ母线、穿屏套管及母线仓进行绝缘件表面清污和除潮处理后，对
10kV Ⅱ母开关柜母线室进行耐压试验，查找放电点如图5-16-5所示。当电

压加至25kV时，10kV Ⅱ母线A相各穿屏套管处均有放电现象，耐压试验过程中，3002—318之间母线A相穿屏套管出现放电火花。因暂无穿屏套管备件更换，耐压试验后，即对母线恢复送电。

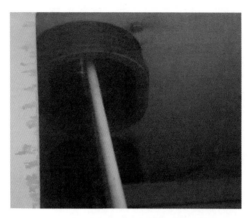

图5-16-5　耐压试验时穿屏套管处出现放电

4. 原因分析

该35kV变电站地处山区，特别是冬夏季节山区昼夜温差大、降雨频繁，高配室环境湿度偏高，同时开关柜内结构设计不合理，柜顶母线室内无通风散热对流通道，导致柜内潮气聚集后不易排出，极易使得母线穿屏套管等绝缘件凝露受潮、滋生霉斑，长期在高湿度环境下运行绝缘性能降低，导致局部放电发生，也进一步加速固体绝缘材料的电老化和环境老化。

● 5.16.5　监督意见及要求

（1）加强开关柜运行环境治理。开关柜在高温高湿环境下运行，柜内设备易发生凝露引起爬电、闪络。通过大功率空调对角线通风布置、增加工业级除湿机配置、完善电缆沟洞封堵等措施，控制高配室温湿度，调整室温与柜体温差，减小受潮引发表面放电和内部绝缘件劣化的可能性。

（2）加强开关柜带电检测。开关柜带电检测能有效发现开关柜放电缺陷，其中超声波局部放电检测对于绝缘件表面受潮引起的表面气隙放电较为敏感，每年应定期按规程要求开展开关柜带电检测工作，对于局部放电严重情况应尽快安排停电检查。

（3）加强开关柜内绝缘件整治。对于发现柜内绝缘件劣化的情况，建议纳入大修技改计划更换，选用憎水性强、带双屏蔽结构的穿柜套管、触头盒等绝缘件，提升抗污秽能力。同时，在满足防护等级的前提下，在开关柜顶部采取开专用防尘通风口、安装智能除湿器等措施，提升母线室抗凝露能力。

5.17 10kV开关柜安装规范不合格导致放电故障分析

- 监督专业：电气设备性能
- 设备类别：开关柜
- 发现环节：运维检修
- 问题来源：设备安装

5.17.1 监督依据

DL/T 2277—2021《电力设备带电检测仪器通用技术规范》

5.17.2 违反条款

依据DL/T 2277—2021《电力设备带电检测仪器通用技术规范》第11章规定，超声波局部放电检测异常时，数值大于8dB且小于等于15dB。

5.17.3 案例简介

2016年4月22日，接到某公司汇报某35kV变电站10kV新砖线304开关柜以及新镇线322开关柜存在异响情况。变电检修室电气试验班会同开关柜局部放电检测仪厂家对两个异常开关柜进行带电局部放电测试，发现在新镇线322开关柜的电缆室内存在放电信号，新砖线304开关柜未检测到明显的放电信号。通过开关柜观察窗检查柜内情况，发现新砖线304开关柜电缆室A相出线电缆与B相避雷器引线存在交叉搭接现象，且搭接处存在明显放电痕迹，交叉处电缆外护层、引线外绝缘有放电产生的白色物质。322新镇线电缆柜B相出线电缆与B相避雷器引线也存在交叉搭接现象，在关闭电缆柜照明灯时，可以观察到放电火花。4月27日，结合停电检修，该公司变电检修班将新砖304、新镇322出线交叉处电缆与避雷器引线分开至足够空间距离而不致引起放电，并对电缆外绝缘进行检查处理，成功消除缺陷。

● 5.17.4 案例分析

1. 带电检测

4月22日，变电检修室电气试验班在对某35kV变电站10kV新砖线304开关柜以及新镇线322开关柜进行局部放电检测时，发现新镇线322开关柜的电缆室内存在放电信号。

根据带电局部放电检查情况，在10kV新砖线304开关柜内未发现明显放电信号，在10kV新镇线322开关柜后下柜（电缆室内）发现超声波信号异常，其背景超声波信号强度有效值为0.2mV、最大值为0.3mV，而10kV新镇线322后下柜周围最强超声波信号有效值为1.0mV、最大值为5.4mV，且整个后下柜边沿都有较为明显的超声波信号。同时10kV新镇开关柜后下柜检测到的超声波信号中有明显的100Hz频率成分。在关闭电缆柜照明灯时，可以观察到放电火花。通过耳机听辨，超声波信号在音频特性上具有明显的放电特性。由此可以基本排除柜内振动情况对超声波信号检测的干扰，根据超声波典型放电信号的特性比对，初步判断10kV新镇开关柜后下柜内存在表面放电情况。

2. 停电检查及处理情况

2016年4月27日，变电检修班对10kV新砖线304开关柜以及新镇线322开关柜进行停电检修处理，打开后下柜门对开关柜内情况进行检查时发现新砖线304开关柜电缆室内A相出线电缆与B相避雷器引线交叉处存在明显放电痕迹，交叉处电缆外护层、引线外绝缘有放电产生的白色物质，如图5-17-1所示。

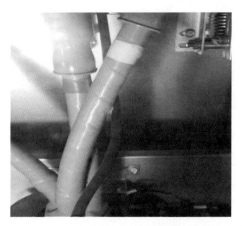

图 5-17-1　10kV 新砖线 304 开关柜电缆室处理前情况

10kV 新镇线 322 电缆室 B 相出线电缆与 B 相避雷器引线交叉，如图 5-17-2 所示。

结合柜内情况，判断两个开关柜的放电情况都是因为出线电缆与避雷器连接线距离过近（未处理前出线电缆与避雷器连接线为搭接状态）引起电场畸变从而导致放电。现场检修人员随即将柜内出线电缆与避雷器连接线分开至合适距离并复电检查，放电情况消失，缺陷成功处理。处理之后的开关柜电缆室内情况如图 5-17-3 和图 5-17-4 所示。

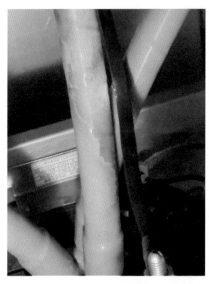

图 5-17-2　10kV 新砖线 304 开关柜电缆室处理前情况

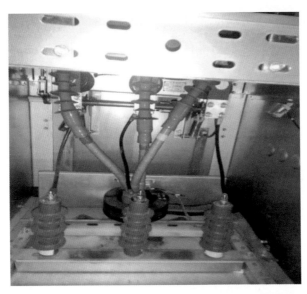

图 5-17-3　10kV 新砖线 304 开关柜电缆室处理后情况

图 5-17-4　10kV 新镇线 322 开关柜电缆室处理后情况

● **5.17.5　监督意见及要求**

下阶段应加强设备新投运验收管理，防范因交叉距离近而产生局部放电情况，同时对公司所辖开关柜进行普查，看是否存在其他类似柜内布线情况不合理的开关柜，如果存在应适时停电处理，避免放电情况进一步恶化。

5.18 10kV开关柜烧毁故障分析

- 监督专业：电气设备性能
- 设备类别：断路器
- 发现环节：运维检修
- 问题来源：设备制造

● 5.18.1 监督依据

Q/GDW 1168—2013《输变电设备状态检修试验规程》

● 5.18.2 违反条款

依据Q/GDW 1168—2013《输变电设备状态检修试验规程》5.12.1.2巡检说明规定，外观无异常，柜门为变形，柜体密封良好，螺栓连接紧密。

● 5.18.3 案例简介

2019年9月9日12时45分，某110kV变电站1号主变压器低压侧310真空断路器故障，1号主变压器低压侧限时电流速断、后备保护，以及1号主变压器高压侧后备动作，502断路器跳闸，导致主变压器、10kV母线失压，造成12条10kV供电线路停运。

13时5分，运维人员到达现场发现10kV高压室有浓烟冒出，立即拨打119，待消防人员赶至现场进行排烟处理后，检查发现310断路器触头烧损熔化严重，断路器外部环氧树脂绝缘材料烧损碳化严重，相邻3001、306开关柜内元件因高温过热导致一定程度损坏，1号主变压器转检修后进行油化和电气试验结果未见异常。

通过故障隔离、线路负荷转供，当日21时8分恢复10kV线路送电，检修人员同时开展应急抢修。经过45h不间断抢修，在最短时间内完成5面10kV开关柜更换和相关试验。9月11日13时10分，1号主变压器受电；13时59分，10kV Ⅰ段母线方式全部恢复正常，现场设备受损情况如图5-18-1和图5-18-2所示。

图5-18-1　1号主变压器310开关柜内烧　　图5-18-2　1号主变压器310断路器烧损情况
　　　　　　损情况

● 5.18.4 案例分析

1. 数据分析

（1）保护信号分析。12:39:50:279，1号主变压器低后备限时速断保护在故障发生640ms后动作；12:39:50:249，1号主变压器低后备保护在故障发生2033ms后动作；12:39:50:225，1号主变压器高后备保护在故障发生2657ms动作；1号主变压器差动保护、非电量保护均未动作。

故障时，1号主变压器高低压侧保护装置均有故障电流，其中低压侧三相电流为$I_A=16.858\angle 001°$ A，$I_B=16.605\angle 240°$ A，$I_C=16.398\angle 312°$ A，如图5-18-3所示，（TA变比为4000A/5A，一次故障电流为13.1kA，短路时间2657ms），而三相电压均只有2V左右，可以判断故障发生在10kV侧，且为三相短路故障。

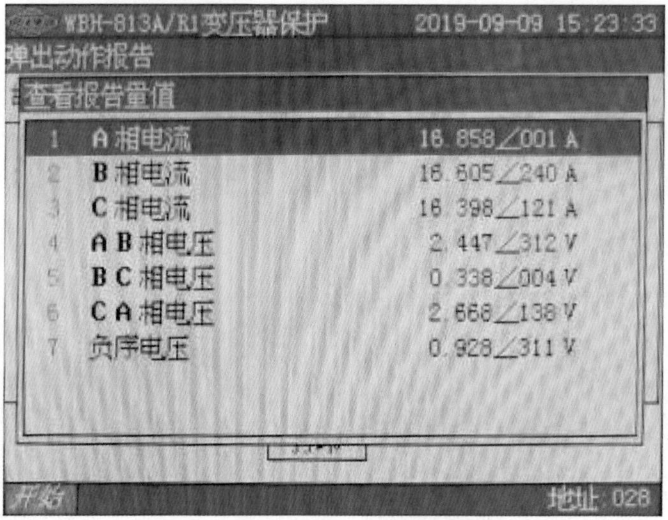
WBH-813A/R1变压器保护 2019-09-09 15:23:33
弹出动作报告
查看报告量值
1 A相电流 16.858∠001 A
2 B相电流 16.605∠240 A
3 C相电流 16.398∠121 A
4 AB相电压 2.447∠312 V
5 BC相电压 0.338∠004 V
6 CA相电压 2.668∠138 V
7 负序电压 0.928∠311 V
开始
地址:028

图5-18-3 三相短路故障低压侧电流

根据故障历史信号查询可知，310断路器与502断路器先后跳开，主变压器低后备限时速断保护在故障发生640ms后动作切除310断路器后，故障依然未消失，结合一次故障点分析，故障点处于310TA与310断路器之间，如图5-18-4所示。

三相短路接地点
510TA
310TA
510断路器
1号主变压器
310断路器

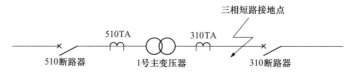

图5-18-4 三相短路故障接地示意图

由于主变压器低后备限时速断保护只跳310断路器，故障仍然存在，因此，1号主变压器低后备保护在故障发生2033ms后动作；根据定值整定1号主变压器低后备保护也只跳310断路器时故障电流依然存在，1号主变压器高后备保护在故障发生2657ms动作，此时跳开502断路器，故障电流消失。

调阅某220kV变电站（上级电源站）故障录波图，与以上分析一致。保护动作与断路器动作时间如图5-18-5所示。

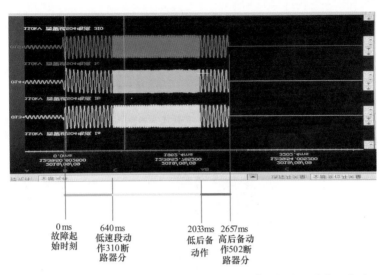

图 5-18-5　某 220kV 变电站西聚线 504 保护动作与断路器动作示意图

（2）设备故障前运行情况。310 间隔设备参数，如表 5-18-1 和表 5-18-2 所示。

▼ 表 5-18-1　　　　　　　某 110kV 变电站 310 开关柜参数

型号	KYN28-12	额定电压	12kV	编号	015
额定电流	1250A	结构类型	中置手车式	生产日期	2010-01-01

▼ 表 5-18-2　　　　　　　某 110kV 变电站 310 真空断路器参数

设备型号	TZN1-12	出厂日期	2009-09	出厂编号	G0909023
额定短路关合电流（kA）	63	额定电压（kV）	121	额定电流（A）	4000
储能电动机操作电压（V）	DC 220	短路持续时间（s）	4	合分操作电压（V）	DC 220

2016 年，红外测温发现 310 开关柜温度高于其他柜体，并伴随振动声音，局部放电检测未发现明显异常。2016 年 12 月 20 日，进行停电检修（负荷转供

问题，10kV母线未能停电转检修）。2017年7月24日，红外测温310柜体温度高于其他馈线柜，同时发现局部放电信号，表现为悬浮电位特征，之后一直进行跟踪检测。2019年6月21日，故障前最近一次带电检测，测温和局部放电测试，结果相比之前无明显变化，如图5-18-6~图5-18-11所示。

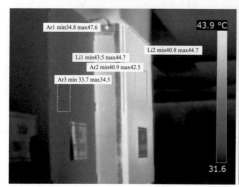

图5-18-6　2017年310开关柜红外图谱

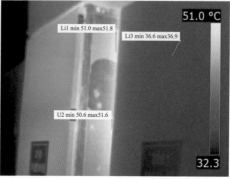

图5-18-7　2018年310开关柜红外图谱

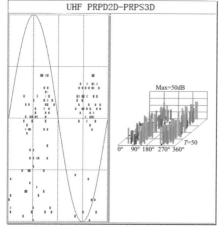

图5-18-8　2018年310开关柜特高频图谱

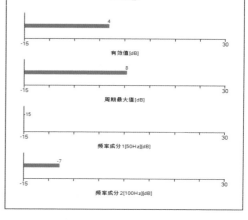

图5-18-9　2018年310开关柜超声波图谱

2. 故障原因分析

（1）现场受损设备检查情况。2019年9月9日20时，开始对310开关柜进行拆除工作，仔细检查每个部件。现场发现310开关柜内B相下静触头有明显过热烧损痕迹，对应310断路器B相动触臂触指烧损最严重，柜内A、C相上、

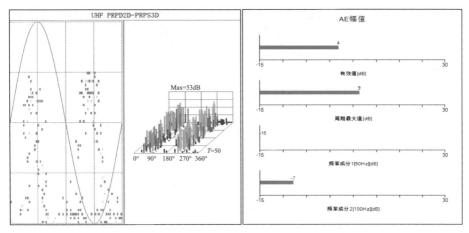

图 5-18-10　2019 年 310 开关柜特高频图谱　　图 5-18-11　2019 年 310 开关柜超声波图谱

下静触头及 B 相上静触头未发现明显异常，如图 5-18-12 和图 5-18-13 所示。

图 5-18-12　1 号主变压器 310 开关柜内受　　图 5-18-13　1 号主变压器 310 真空断路器
损情况　　　　　　　　　　　　　　　　　　B 相烧损痕迹

对 310 真空断路器触指及紧固件（弹簧等）进行金属材质检查，如图 5-18-14 所示，材质为 12Cr18Mn9Ni5N，符合相关要求，发现梅花触指支架具有导磁性，如图 5-18-15 所示。

（2）其他厂家断路器触指支架检测情况。9 月 15 日，检修人员对某两个公司额定电流 4000A（3150A）大电流柜的断路器小车（隔离小车）进行检查，发现梅花触指支架均无磁性，支架材质为无磁不锈钢，如图 5-18-16 和图 5-18-17 所示。

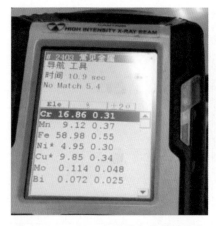

图5-18-14　310断路器金属材质检查

图5-18-15　梅花触指支架导磁试验

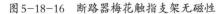

图5-18-16　断路器梅花触指支架无磁性

图5-18-17　4000A断路器触指支架材质

（3）某110kV变电站负荷情况。查询某110kV变电站负荷情况可知，如表5-18-3所示1号主变压器最大负荷电流为2019年1月2日，负荷电流2308A，故障日最大负荷2103A，故障日负荷电流为2019年迎峰度夏以来的最大负荷，如图5-18-18所示。

▼ 表5-18-3　　　　　　　　某110kV变电站负荷情况统计表　　　　　　　　MW

运行编号	7月最大负荷	8月最大负荷	9月最大负荷	1年内最大负荷
1号主变压器	31.304	35.859	38.047	41.973（1月2日）
聚大Ⅰ线	3.862	4.822	6.742	—
聚大Ⅱ线	4.432	5.441	6.657	—

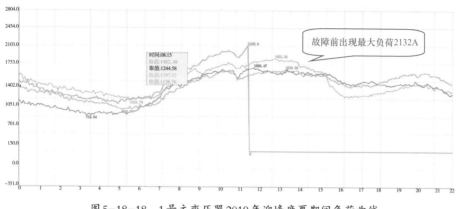

图 5-18-18 1 号主变压器 2019 年迎峰度夏期间负荷曲线

3. 原因分析

现场发现 310 断路器 B 相下触头烧损最为严重，且未见触指，只有断裂的弹簧。

结合以上情况，可知初步推知，310 断路器下触头部分开始发展，310 断路器触指弹簧断裂，产生弧光，弧光将触头盒烧损，故障向 A、C 两相发展，形成三相弧光短路，如图 5-18-19 所示。由于故障点位于保护死区，需依靠高后备保护切除故障。1 号主变压器低后备限时速断保护在故障后 640ms 动作，故障点在 310 断路器下端，因此故障依然存在。低后备保护在故障 2033ms 后动作，故障依然存在，在故障后 2657ms 高后备保护动作跳开 502 断路器后，故障切除。

(a) A 相触臂短路烧损点　　(b) B 相触头烧损情况　　(c) C 相触臂短路烧损点

图 5-18-19 三相弧光短路

可能原因一：综合故障发展过程及设备材质检测。初步判断事故原因是310断路器梅花触指环形支架具有磁性，在通过大电流时产生涡流，长期发热造成触指弹簧部位发热，引起弹簧疲劳。根据调度系统查询数据分析，310断路器7月最大负载电流1780A，8月最大负载电流2062A，9月1日至故障前最大负载电流2132A（9月9日12时40分），电流越大涡流发热越严重，同时弹簧疲劳，压紧力不足，发热进一步加剧，最终导致弹簧断裂，产生弧光将触头盒烧损，弧光向A、C两相发展，形成三相弧光短路将开关柜烧损。

可能原因二：依据故障发展过程以及故障的起始位置，310断路器B相下触头触指接触不良，在运行中长期发热，导致弹簧疲劳，进一步加剧发热产生高温，高温改变梅花触指环的特性产生磁性，此时梅花触指环在电流的作用下产生涡流，在9月9日12时左右，该开关柜出现近期最大运行负荷2132A，梅花触指环大电流下涡流发热，触指弹簧疲导致压紧力严重发热，在高温下触指弹簧疲劳断裂、B相下触头产生严重弧光将下触头盒烧损，故障向A、C两相发展，产生三相弧光短路。由于故障点位于快速保护的死区，需依靠后备保护来切除故障，故障点持续2657ms，开关柜严重烧损。

● 5.18.5 监督意见及要求

（1）加强开关柜实施全过程管控，对于开关柜（包含断路器）应提供各零部件规格及材质标准，尤其加强梅花触指、箍紧弹簧、环形支架等部件的材质检测力度。

（2）严格按照"五通一措"及《国家电网公司变电验收通用管理规定第2分册　断路器验收细则》《国家电网公司变电验收通用管理规定　第5分册　开关柜验收细则》的要求进行验收，严防不合格产品入网运行。

（3）加强例行检修试验管理。严格按照省公司专业管理要求，结合停电检修开展断路器母线至TA下桩头进行回路电阻测试，对数据有明显偏差的，应提高警惕，必要时进行解体检修，查明问题原因。

（4）加强开关柜红外测温和局部放电检测，发现温度、振动、局部放电等数据异常，深究原因并及时跟踪检测和处理。

（5）加强开关柜日常运维，保证高压室内空调、除湿机正常开启，搞好柜内封堵，确保运行环境良好。根据设备和负荷情况，对设备负荷及时跟踪或调整，减少设备重过载，不拼设备。

（6）结合停电检修对主变压器进线、母联等大电流开关柜内断路器加装触头在线测温装置并将数据上传至后台，及时发现和处理大电流开关触头温度异常。

（7）下一步将对梅花触指环形支架材质进行深入检测分析，并对在电流作用下发热作定量分析，同时对梅花触指箍紧弹簧因温度使其老化疲劳和断裂做定量分析，申请电科院对此项工作提供技术支持。对3001隔离小车送至开关厂进行温升试验，判断触头部位发热情况进行综合分析。

5.19 10kV开关柜特高频异常分析

- 监督专业：电气设备性能
- 设备类别：开关柜
- 发现环节：运维检修
- 问题来源：设备制造

5.19.1 监督依据

DL/T 664—2016《带电设备红外诊断应用规范》

5.19.2 违反条款

依据DL/T 664—2016《带电设备红外诊断应用规范》第10章缺陷类型的确定及处理方法，以及附录A电流致热型设备缺陷诊断判据。

5.19.3 案例简介

某110kV变电站1号主变压器10kV侧310开关柜于2007年7月生产，2009年1月投入运行，基本参数如表5-19-1所示。

▼ 表5-19-1 　　　　　　　某变电站310开关柜基本参数

设备型号	KYN28-12-026	额定电压	12kV	额定电流	4000A
出厂序号	070712	出厂日期	2007-07	制造厂家	—

310断路器于2007年04月生产，2009年1月投入运行，基本参数如表5-19-2所示。

▼ 表5-19-2 　　　　　　　某变电站310断路器基本参数

设备型号	VS1(ZN63A)	额定电压	10kV	额定电流	4000A
额定短路开断电流	40kA	4S短时耐受电流	40kA	额定关合电流	100kA
出厂序号	070418	出厂日期	2007-04	制造厂家	—

2019年国庆节前特巡，特高频检测首次检测到310开关柜存在特高频局部放电信号，通过开关柜后柜视窗发现310柜内出线铜排A相绝缘包封开裂，部分脱落，黏合胶有融化痕迹。2019年10月17日，停电处理发现，310断路器A相回路电阻不合格，开关柜A相下静触头到出线铜排回路电阻远大于B、C相，A相梅花触指、开关柜内下触头以及连接铜排（双固定螺栓）均存在过热痕迹，下触头与连接铜排之间存在放电痕迹，现场将310断路器A相触头进行更换，开关柜静触头和铜排进行打磨，表面镀层处理（静触头镀银、铜排镀锡），铜排重做热缩，处理完成投运24h后，局部放电检测、测温均正常。

● 5.19.4 案例分析

1. 带电检测

310间隔自2009年1月投入运行后，历年开关柜局部放电检测未见异常，2016年4月对310间隔进行C类检修（10kV母线未停电），开关柜及柜内设备例行检查未见明显异常，停电例行试验正常。

（1）红外测温。根据图5-19-1所示310开关柜历次红外测温谱图，可知310后柜的热点随负荷变化，热点温度较为稳定，考虑到310开关柜为大电流柜，无强排风措施，与相邻柜体存在一定的温差，属正常状况。

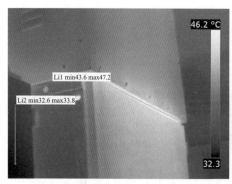

(a) 2016年 (温度27℃，湿度55%，负荷1396.5A)　　(b) 2019年 (温度27℃，湿度51%，负荷1553.9A)

图5-19-1　310开关柜历年红外测温图谱

（2）局部放电检测。2019年9月24日，对310开关柜进行国庆前特巡，发现特高频PRPD/PRPS图谱每周期出现密集的两簇信号，相位分布较窄，幅值为57dB，具有悬浮放电信号特征，310及相邻开关柜暂态地电位幅值超过背景值20~30dB，测试实时负荷为1506.7A，如图5-19-2所示。

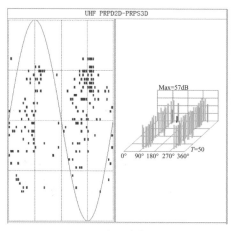

图5-19-2　310开关柜特高频PRPD/PRPS　　图5-19-3　310开关柜A相铜排绝
图谱　　　　　　　　　　　　　　缘热缩脱落

（3）现场检查。通过310开关柜观察窗对310柜内情况进行观察，发现310开关柜内出线铜排A相绝缘包封开裂，部分脱落，黏合胶有融化痕迹，如图5-19-3所示。判断是开关柜A相铜排运行温度过高，造成绝缘封包材料老化撕裂，同时黏合胶受热，黏合力减弱，在自身重力的作用下脱落。

2. 停电检查与试验

2019 年 10 月 17 日，对 310 开关柜进行停电检查处理，检查发现 310 断路器 A 相下梅花触头存在过热痕迹，如图 5-19-4 所示。

图 5-19-4　310 断路器 A 相下触头

对 310 间隔进行例行试验，断路器机械特性试验数据合格，回路电阻 A 相不合格，开关柜下静触头至出线铜排回路电阻 A 相不合格，试验数据如表 5-19-3 所示。

▼ 表 5-19-3　　　　　　　　310 间隔回路电阻测试　　　　　　　　MΩ

测试位置	回路电阻		
	A 相	B 相	C 相
310 断路器	1644	23.6	26.5
开关柜下静触头至出线铜排	2859	43.2	41.0

经现场拆解之后发现，断路器 A 相梅花触指与断路器导电臂的接触面，以及触指弹簧存在过热烧蚀痕迹，如图 5-19-5 和图 5-19-6 所示。开关柜 A 相下静触头、A 相出线铜排存在过热烧蚀和明显放电痕迹，放电点手感凹凸不平，整体突出导体表面，如图 5-19-7 和图 5-19-8 所示。

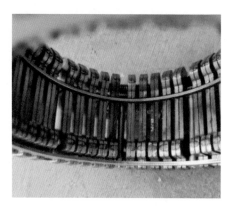

图 5-19-5　梅花触指

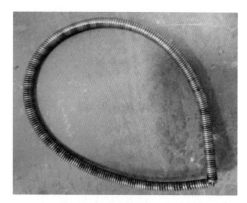

图 5-19-6　触指弹簧

图 5-19-7　开关柜下静触头

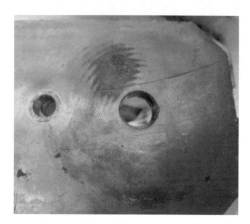

图 5-19-8　A 相出线铜排

3. 缺陷处理

将 310 断路器 A 相触头进行更换，如图 5-19-9 所示，开关柜静触头和铜排进行打磨，表面镀层处理(静触头镀银，镀银层厚度为 18μm；铜排镀锡)，铜排重做热缩，处理完成后回路电阻测试数据合格。投运超过 24h，对 310 进行局部放电检测、测温均正常，如图 5-19-10 所示。

4. 原因分析

悬浮电位是指原本接地的或者与其他导体连接的部件，在安装、运输过程中接触不良，导致通电之后对地或对连接部件形成电位差。当悬浮电位超过一定的临界条件时，就会发生局部放电。

图 5-19-9　梅花触头更换

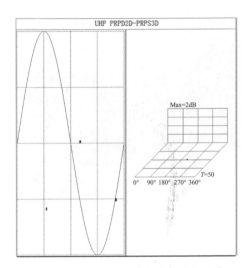

图 5-19-10　310开关柜局部放电信号

10月17日，现场检查发现开关柜A相下静触头与铜排之间存在放电痕迹，放电点手感凹凸不平，整体突出导体表面，判断为设备安装过程中静触头与铜排之间存在异物。

由于该静触头与铜排为单孔固定螺栓结构，不满足《国网湖南省电力有限公司开关柜设备技术协议》"额定电流2500A的40.5kV开关柜和3150A及以上额定电流开关柜，动触头与触臂、静触头与分支母排的固定连接应采用5孔螺栓固定，中间孔推荐选用M12螺栓，周围四孔推荐选用M10螺栓"的要求，使得静触头与铜排之间部分连接，异物所在位置有一定的间隙，接触电阻较B、C两相要大。

在投运初期，静触头与铜排接触面镀层完好，接触电阻相对较小，使得发热功率相对较低，相近负荷条件下，静触头与铜排之间相对电位差较小，未能达到局部放电临界条件，因此投运后到2016年4月停电检修，带电检测未发现局部放电信号，停电检修未发现断路器及铜排过热痕迹，例行试验数据合格。

随着长时间的过热运行，触头与铜排接触面逐步氧化，接触电阻不断增大，促进发热功率进一步升高。同时不断增大的接触电阻，导致接触面之间的相对电位差随之增大，当该电压的峰-峰值超过局部放电临界条件时，就会产生局部放电现象，并表现出悬浮放电特征。

长时间过热运行，还使得A相出线铜排的绝缘包封老化破裂，局部脱落，黏合胶融化，导致断路器A相下梅花触指弹簧疲劳，夹紧力下降，梅花触指与断路器导电臂之间接触电阻增大，断路器A相回路电阻显著大于B、C两相。

● 5.19.5 监督意见及要求

（1）某110kV变电站310开关柜特高频局部放电异常是通过带电检测发现，停电检查确认的一起典型设备隐患，及时有效地制止了一起重大设备事故，为同类设备隐患查找和处理积累了宝贵经验。

（2）大电流柜柜内发热隐患具有较强的隐蔽性，应考虑通过安装开关柜内红外测温装置，实现大电流柜内的红外在线监控、过温报警、跳闸，避免大电流柜烧损事故的发生。

（3）由于悬浮放电的起始放电电压较高，悬浮放电现象会随着负荷的变化，呈现出间歇性的特征，因此在诊断开关柜可能隐患时，应尽量挑选大负荷的时间点进行局部放电检测。

（4）切实落实相关规程要求，整段停电的时候加强从母线到开关柜下桩头的回路电阻测试，保证检修质量，避免类似事故再次发生。

（5）加强基建项目的中间验收以及竣工验收，严把设备质量关和现场安装工艺质量关，防止新设备带隐患投入运行。

5.20 10kV开关柜超声超标分析

- 监督专业：电气设备性能
- 设备类别：开关柜
- 发现环节：运维检修
- 问题来源：设备安装

● 5.20.1 监督依据

Q/GDW 1168—2013《输变电设备状态检修试验规程》

● 5.20.2 违反条款

依据 Q/GDW 1168—2013《输变电设备状态检修试验规程》5.4.1.2规定，高压引线、接地线等连接正常；本体无异常声响或放电声；5.12.1.3规定，红外热像检测检测开关柜及进、出线电气连接处，红外热像图显示应无异常温升、温差和（或）相对温差。

● 5.20.3 案例简介

2021年6月15日21时，变电检修公司电气试验班对某220kV变电站开展迎峰度夏特巡工作。在对10kV开关柜进行超声波局部放电测试时，发现320间隔开关柜后上柜门的超声波测量数据明显高于背景值，超声背景值为0dB，实测值为30dB。对高压室进行测温时，320后柜门温度明显高于其他设备，相邻间隔温度37℃，320后上柜门温度为49℃。巡视人员迅速向运检部及调度申请将Ⅱ母停电，使320开关柜转为检修状态。在对开关柜内设备进行检查时，发现其上穿屏套管内部安装有两块母排导向片，导向片与母线之间形成悬浮放电的通道，从而导致了超声检测超标，在拆除的导向片上能发现明显的放电痕迹。

该开关柜型号为KYN28-12，于1998年5月28日生产，并于1999年1月28日投运。

● 5.20.4 案例分析

1. 试验数据分析

2021年6月15日，变电检修公司电气试验班人员对某220kV变电站开展迎峰度夏特巡工作。在巡视10kV高压室时，发现2号主变压器进线320开关柜后上柜门超声异常，超声背景值为0dB，在此后上柜门多点检测，超声数值均超标。后使用红外测温仪发现此开关柜后上柜门温度明显高于相邻间隔。

超声检测情况分析。从超声特征图谱上看，有效值及周期最大值较背景值明显偏高，存在基频与二倍频相关性，放电脉冲具有工频相位相关性，脉冲在工频相角上集中于两簇，放电脉冲波形具有工频相关性，一个工频周期出现两组脉冲波形，脉冲上升沿陡峭，具有明显的悬浮电位特征，依据Q/GDW 1168—2013《输变电设备状态检修试验规程》5.4.1.2规定，检测结果不合格。

红外测温情况分析。在母线穿屏套管处检测到温度最高点，为49℃，相邻间隔温度为37℃。依据Q/GDW 1168—2013《输变电设备状态检修试验规程》5.12.1.3的要求，检测结果异常，如图5-20-1~图5-20-4所示。

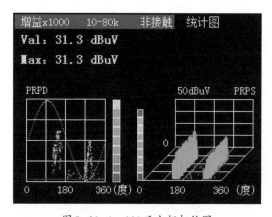

图5-20-1　320后上柜相位图

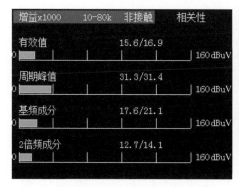

图5-20-2　320后上柜幅值图

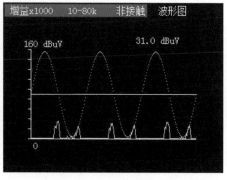

图5-20-3　320后上柜波形图

（1）定位分析。为精准进行异常超声定位，测试人员在6月15日晚如图5-20-5所示的测量点位图对320柜进行多点定位检测，测试结果如表5-20-1和表5-20-2所示。

结果表明上柜门的超声信号远大于下柜门；320后上柜门的超声信号集中于5、10、18三个点位，即超声信号更集中于上穿屏套管处。

图5-20-4　320后上柜发热图

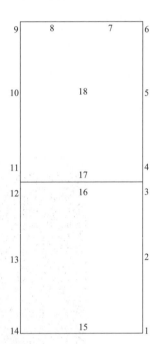

图5-20-5　测试点位示意图

▼ 表5-20-1　　　　　　　　320开关柜多点超声波幅值检测数值

测试仪器	HDPD-510局部放电综合测试仪								
测试点	1	2	3	4	5	6	7	8	9
局部放电量（dB）	12	15	17	20	29	23	21	22	21
测试点	10	11	12	13	14	15	16	17	18
局部放电量（dB）	30	20	18	15	13	10	20	21	29

▼ 表5-20-2　　　　　　　　　　　　　　历史检测情况　　　　　　　　　　　　　　dB

日期	2020夏巡		2021春检		2021夏巡	
设备编号	后上柜	后下柜	后上柜	后下柜	后上柜	后下柜
328	0	0	0	0	0	0
320	0	0	0	0	30	15
母线过渡	0	0	0	0	0	0
背景值	0		0		0	

（2）放电类型判定。根据定位结果，对320开关柜上方10号点开展复测，结合超声波、特高频检测结果进行以下综合分析：对超声图谱（如图5-20-6所示）与特高频图谱（如图5-20-7所示）进行分析，从超声幅值图谱中可以发现，有效值及周期峰值较背景值明显偏大，频率成分1及频率成分2特征明显，从波形图谱中可以发现该信号具有规则脉冲信号，每个周期内含两个尖峰，相位图谱打点集中在一、三象限，且较分散并呈驼峰状，排除电晕与自由颗粒放电，初步判断存在悬浮电位与沿面放电。

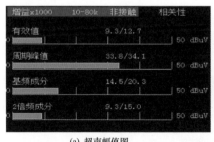
(a) 超声幅值图

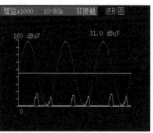
(b) 超声波形图

图 5-20-6　超声放电特征图谱

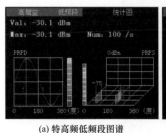
(a) 特高频低频段图谱

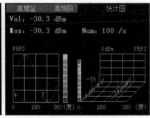
(b)特高频高频段图谱

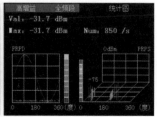
(c)特高频全频段图谱

图 5-20-7　特高频放电特征图谱

2. 现场检查与处理

为探明320开关柜后上柜内具体放电情况并消除缺陷，6月23日，检修公司对某220kV变电站10kV Ⅱ母线及所连开关柜进行停电检修。检修人员将320后柜门整体打开，对柜内一次设备进行详细检查，发现设备表面并无异常，对断路器及开关柜内动静触头进行检查，无放电痕迹。

试验人员对该母排柜内的母排进行了一系列耐压试验：首先对各相母排单独进行耐压试验，由于母排连接TA与支柱绝缘子，所以将试验电压加至34kV。每相在升压至34kV时超声检测均存在放电信号，怀疑为母排之间所夹的铁块与母排连接部位产生破损外加螺栓连接不够牢固从而产生了放电通道，通过使用熔丝将铁块与母排连接螺栓相连试图消除放电通道。但是在加压至34kV时仍然有放电信号，排除铁块与母排连接存在缺陷。

在对母排开展进一步检查时，发现上穿屏套管处设计为两母排导向片包夹母排引下式结构。将B相导向片与母排的连接螺栓相连，再次尝试加压时，发现电压升至34kV时，超声局部放电信号明显降低。对未连接的C相加压进行对比，使用紫外成像仪检测，在上穿屏套管处有明显的放电成像。

如图5-20-8~图5-20-10所示，随后协同检修人员对三相母排导向片进行了拆除。在拆除的导向片上存在明显的放电痕迹，检查穿屏套管内的母排，在导向片压接处的绝缘外护套有明显的烧蚀痕迹。

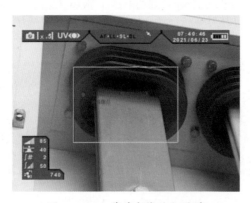

图5-20-8 紫外成像放电图谱

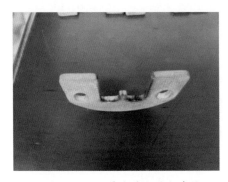

图 5-20-9　导向片上放电痕迹　　　　图 5-20-10　绝缘外护套烧蚀痕迹

在拆除了导向片后，对三相进行单独加压，此时已无超声放电信号，缺陷消除。

局部放电测试中发现的沿面放电超声信号，多发生于绝缘子或者电气设备的绝缘件表面，大多是因为这些绝缘件的表面积灰、脏污、受潮而导致的绝缘劣化从而在这些绝缘件的表面产生放电现象。因为在现场只发现支柱绝缘子绝缘件表面有一定程度的积灰现象，但未看到有其他明显放电痕迹，所以柜内的沿面局部放电信号极有可能是因为绝缘件的表面积灰、脏污还不严重，沿面放电也处于初级阶段，所以现场无法检查出其他放电点。

3. 复电后检测

为了确保送电后开关柜内的放电缺陷已经得到解决，测试人员对 320 后上开关柜再次进行了多点检测，其中 320 开关柜的超声幅值与大小与背景值一致，无异常偏差，同时该图谱中无 50、100Hz 的频率相关性成分，该结果表明此时 320 开关柜内设备确无放电现象。该结果也从侧面证明放电问题已经得到处理，关于开关柜内的悬浮电位放电的判断也符合事实，具备合理性和正确性。

● 5.20.5　监督意见及要求

（1）对运行时间超过 20 年的老旧开关柜，需厂家提供设计图，检查是否存在明显的设计缺陷，若存在设计缺陷需申请停电对其进行整改。加强对此类设备的巡视，缩短带电检测周期。

（2）开关柜内大多数设备在长期的运行下都有一定程度的积灰、脏污，如果任由这些积灰与脏污发展可能会引起柜内设备的异常放电，所以在检修工作中一定要贯彻"逢停必扫"的原则，珍惜停电的机会对设备进行除灰处理。

5.21 10kV开关柜局部放电检测异常分析

- 监督专业：电气设备性能
- 设备类别：高压开关柜
- 发现环节：运维检修
- 问题来源：运维检修

5.21.1 监督依据

DL/T 417—2019《电力设备局部放电现场测量导则》

5.21.2 违反条款

依据DL/T 417—2019《电力设备局部放电现场测量导则》评价标准规定，开关柜后下柜门观察窗处用特高频检测典型放电图谱，暂态地电压测试相对值大于等于20dB，评价为严重状态。

5.21.3 案例简介

2019年2月26日，试验人员对10kV科高Ⅰ线328间隔开关柜开展暂态地电压、超声波和特高频局部放电带电检测。发现328间隔开关柜前后面板下部观察窗处均存在暂态地电压及特高频局部放电异常信号。

2019年3月12日，试验人员对328开关柜局部放电进行复测并对异常信号进行缺陷定位。发现328间隔开关柜前、后面板下部观察窗位置仍然存在异常特高频信号，该信号幅值最大位于后面板下部观察窗位置，通过进行特高频定位可知，异常点位于C相电缆或电流互感器上方附近。

2019年4月19日，对该变电站科高Ⅰ线328间隔停电，处理异常放电缺陷。发现328开关柜电缆室内电缆3岔口上方C相热缩套破损。处理电缆热缩破损缺陷后，328间隔正常投运。投运后，对328开关柜局部放电情况进行复测，未发现异常放电信号。

● 5.21.4 案例分析

1. 现场检查情况

2019年3月12日，在对10kV科高Ⅰ线328间隔开关柜进行特高频检测过程中发现，10kV科高Ⅰ线328间隔开关柜后面板下部观察窗位置存在异常特高频信号，同时在开关柜前面板下部观察窗处也检测到了该异常信号，该信号最大幅值位于后面板下部观察窗位置，该信号相位上有很好的100Hz相位相关性，且信号呈现较好的周期连续性，幅值稳定，最大可达-40.3dBm（背景噪声为-69.1dBm）左右，使用TEV和超声波进行检测，在后面观察窗两侧同样发现了TEV信号，TEV信号幅值最大可达21.7dB（背景噪声为0dB），但未发现与之相关的AE信号，对开关柜进行特高频检测位置及检测图谱如图5-21-1~图5-21-4所示。

应用特高频定位装置对该异常信号进行定位，同时用两个特高频传感器应用时延法对异常信号的X、Y、Z坐标轴上空间坐标进行定位。

首先以开关柜后面板为正视面进行X轴坐标进行定位检测，检测结果如图5-21-5所示。

如图5-21-6所示，由示波器检测到时延差为667ps（即0.66ns），绿色检测点超前黄色检测点，因电磁波在空间中传播速度为光速（3×10^{-8}m/s），设异常点X轴坐标为a，故$a+a+0.66 \times 0.3=0.79$，计算可知a为0.29m，即绿色监测点沿X轴向左平移0.29m。

图5-21-1 HUF检测后面板示意图

图5-21-2 UHF检测前面板示意图

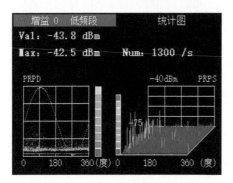

图5-21-3 HUF开关柜后面板观察窗检
测图谱

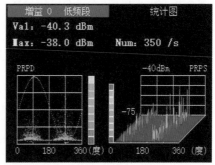

图5-21-4 UHF开关柜前面板观察窗检
测图谱

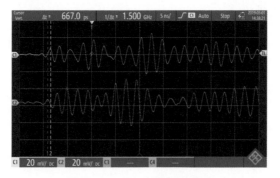

图5-21-5 示波器定位图谱

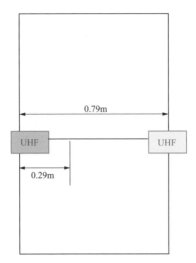

图 5-21-6 后面板正视图（X）

对 Y 坐标轴的空间坐标进行定位，检测结果如图 5-21-7 所示。

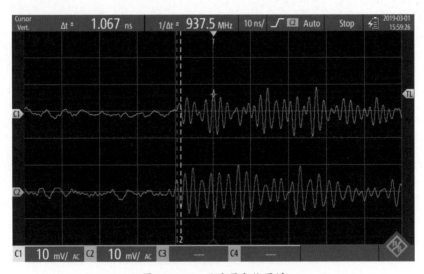

图 5-21-7 示波器定位图谱

由示波器检测到时延差为 1.0ns，绿色检测点超前黄色检测点，因电磁波在空间中传播速度为光速（3×10^{-8}m/s），设异常点 Y 轴坐标为 b，故 $b+b+1.0 \times 0.3=1.45$，计算可知 b 为 0.57m，即绿色监测点沿 Y 轴向内平移 0.57m，空间坐标如图 5-23-8 所示。

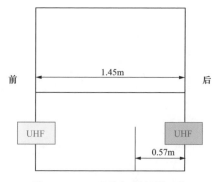

图 5-21-8 开关柜侧视图（Y）

对 Z 坐标轴的空间坐标进行定位，检测结果如图 5-21-9 所示。

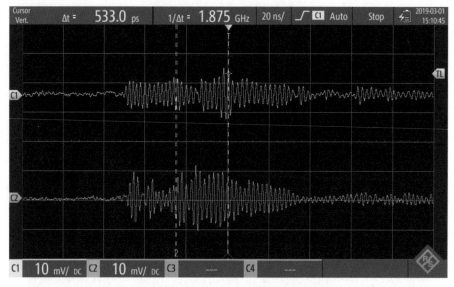

图 5-21-9 示波器定位图谱

示波器检测到时延差为 0.53ns，绿色检测点超前黄色检测点，因电磁波在空间中传播速度为光速（3×10^{-8}m/s），设异常点 Z 轴坐标为 c，故 $c+c+0.53 \times 0.3=0.95$，计算可知 c 为 0.395m，即绿色监测点沿 Z 轴向下平移 0.395m，空间坐标如图 5-21-10 所示。

通过计算结果并结合开关柜结构综合判定，异常信号空间位置在 C 相电缆或电流互感器上方附近位置，具有悬浮放电相似性特征。

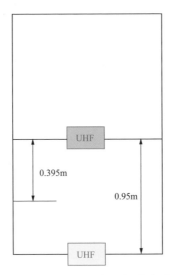

图 5-21-10 后面板正视图（Z）

2. 后续停电处理情况

2019年4月19日，对该变电站科高Ⅰ线328间隔停电，处理异常放电缺陷。发现328开关柜电缆室内电缆三岔口上方C相热缩套破损。且电缆热缩破损处紧靠着零序TA。如图5-21-11和图5-21-12所示。

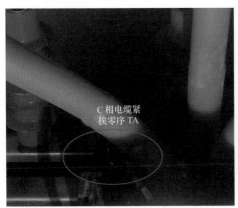
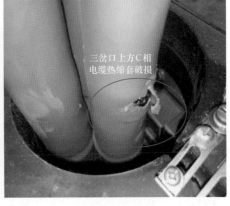

图 5-21-11 328间隔C相电缆与零序TA   图 5-21-12 三岔口上方C相电缆热缩套

热缩套破损为绝缘类缺陷，是检测到暂态地电压缺陷的原因；热缩破损位置紧靠着零序TA，造成电缆和TA之间的悬浮放电，是检测到特高频悬浮放电信号特征的原因。

处理电缆热缩破损缺陷后，对328电缆的绝缘进行了试验，试验合格。处理后328间隔正常投运。投运后，对328开关柜局部放电情况进行复测，未发现异常放电信号。

3. 结论

通过对110kV该变电站10kV科高Ⅰ线328间隔开关柜进行特高频、超声波及TEV带电检测，发现10kV科高Ⅰ线328间隔开关柜后面板下部观察窗位置存在异常特高频信号，同时在开关柜前面板下部观察窗处也检测到了该异常信号，该信号幅值最大位于后面板下部观察窗位置，该信号相位上有很好的100Hz相位相关性，且信号呈现较好的周期连续性，幅值稳定，最大可达−40.3dBm（背景噪声为−69.1dBm）左右，通过进行特高频定位可知，异常点位于C相电缆或电流互感器上方附近，通过对异常信号特征进行综合分析，该开关柜下部C相电缆或电流互感器上方存在异常放电情况。

5.21.5 监督意见及要求

（1）加强对开关柜的带电检测力度，在迎峰度夏前及迎峰度夏中均应安排进行检测。建立开关柜带电检测数据库，缺陷跟踪表，在大负荷期间进行有目的的跟踪检测。发现危机缺陷及时停电处理，严重缺陷应安排计划检修。

（2）提高检修质量，修必修好。确保检修后的设备不再投运后出现因检修质量不到位而产生的缺陷。

（3）加强对基建阶段的监督力度，对重要设备的安装工艺及重要试验项目应派技术人员现场旁站，确保设备零缺陷投运。

5.22 10kV开关柜储能行程不够导致合闸失败分析

- 监督专业：电气设备性能
- 设备类别：断路器
- 发现环节：运维检修
- 问题来源：运维检修

5.22.1 监督依据

Q/GDW 613—2011《12（7.2）kV~40.5kV交流金属封闭开关设备状态评价导则》

5.22.2 违反条款

依据Q/GDW 613—2011《12（7.2）kV~40.5kV交流金属封闭开关设备状态评价导则》规定，机械特性-分合闸时间、同期性和速度不符合制造厂规定值，扣40分，评价为严重状态。

5.22.3 案例简介

某110kV变电站10kV Ⅱ-1C344开关柜型号为KYN28-12，断路器型号为VED4-12，2015年8月出厂，2015年11月投运。

2021年8月16日，运维人员接调度通知，某110kV变电站10kV Ⅱ-1C344断路器无法远方合闸故障，未发控制回路断线信号。运维人员到达现场后，将断路器拉至试验位置，弹簧储能指示为已储能，手动合闸依旧无法成功，遂通知检修人员处理。

根据运维人员的故障描述，检修人员初步判断为合闸机械故障，携带相应工器具到达现场。在安全措施布置完成后，检修人员打开断路器面板，发现弹簧已储能，但储能保持掣子未能卡在储能保持轴凹槽（简称凹槽）上，如图5-22-1和图5-22-2所示，因此合闸线圈铁芯动作撞击合闸掣子带动储能

图 5-22-1　故障时储能保持掣
子未卡在凹槽处

图 5-22-2　正常情况下储能
保持掣子卡在凹槽处

保持轴转动时，储能保持掣子无法进行脱扣，释放合闸弹簧能量，合闸失败。

储能机械过程为：储能电动机转动，棘爪带动储能轴转动，储能轴驱动储能保持掣子运动，使储能保持掣子刚好卡在凹槽上，此时储能棘爪被储能机械闭锁挡轴顶开，棘爪无法带动储能轴转动（机械闭锁），储能轴上的挡板按压住微动开关，储能回路断开（电气闭锁），储能完成。

合闸机械过程：合闸线圈动作，铁芯撞击合闸掣子带动储能保持轴动作，使得储能保持掣子脱扣，合闸弹簧能量释放带动主轴传动拐臂运动，同时驱动连杆机构及绝缘拉杆向上运动，使得动、静触头结合，合闸完成。

● 5.22.4　案例分析

1. 现场检查情况

检修人员检查发现，在储能的过程中，储能棘爪被储能机械闭锁挡轴顶开时，储能保持掣子还没有运动到凹槽处，而棘爪已无法带动储能轴继续运动，导致储能行程不够是造成此次故障原因。现场用撬棍将储能拐臂向储能运动方向撬动如图 5-22-3 所示，发现储能保持掣子随着撬动卡入凹槽如图 5-22-4 所示，随后按下合闸按钮，储能保持掣子脱扣，合闸成功。随后再次手动储能，储能棘爪运动到被顶开时，储能保持掣子还是无法卡入凹槽，故

图 5-22-3　用撬棍将储能拐臂向外撬动　　图 5-22-4　撬动后储能保持掣子在卡在凹槽处

障重现。

　　通过对储能传动各部件检查分析，推断引起故障的原因：①检查棘爪的磨损情况，棘爪还比较完整，但接触部分有轻微磨损现象，如图 5-22-5 所示，对储能行程造成影响；②迎峰度夏期间，用电负荷较大，调度频繁通过投切电容器来保持电压质量，344 断路器频繁动作，有可能造成储能机械部件局部轻微变形，如图 5-22-6 所示，导致储能行程不够引起合闸失败故障；③厂家加工精度和工艺不够，断路器各储能传动部件配合不紧密，导致此次故障。

图 5-22-5　储能棘爪有轻微磨损　　　图 5-22-6　储能传动部件有轻微变形

2. 故障分析处理

　　通过对储能原理及储能各部件运动过程分析，发现调整棘爪部分增加储能行程来处理故障相对比较好实施。现场制订两套方案：①增加储能棘爪与凸轮接触面的长度，增加储能行程，如图5-22-7所示；②降低储能机械限位挡轴的高度，推迟棘爪被顶开，增加储能行程，如图5-22-8所示。

图5-22-7　方案①增加棘爪的长度（被否）　　图5-22-8　方案②下移动储能机械限位挡轴

方案①要对棘爪进行施焊打磨，如果焊多了，储能保持掣子卡入凹槽太深，同样也会引起无法脱扣或者合闸低电压动作不合格，反复调整时间较长且实施困难；方案②则只需调整储能机械限位挡轴，比较简单易行，因此选择方案②。

首先对储能机械限位轴位置进行画线，标注初始位置，然后松动固定螺栓往下移动约1mm紧固（试探性地移动）并画线标记。通过手动储能，观察储能保持掣子的运动状况，发现当棘爪被限位轴顶开，储能完成时，储能保持掣子刚好也运动到凹槽处，储能成功。按下合闸按钮，储能保持掣子脱口，合闸成功，反复三次，断路器合闸动作正常。随后进行电动储能及合闸，储能正常，合闸正常，反复三次，储能正常，合闸正常。

3. 现场试验情况

344断路器正常合闸后，对断路器进行低电压动作检查，合闸和分闸线圈在额定电压30%（66V）不动作（连续做3次）；分闸在112V电压下可靠动作（连续做3次），满足65%~110%额定电压可靠动作的要求；合闸线圈在116V电压下可靠动作（连续做3次），满足85%~110%额定电压可靠动作的要求。随后进行断路器机械特性试验验证，试验合格，可以投运。

5.22.5 监督意见及要求

通过上述分析与处理，此类故障在变电检修公司维护的设备中较为少见，属于"疑难杂症"型，但此类故障非常具有代表性，对生产中断路器机械故障的处理有借鉴意义：

（1）对于断路器机械故障问题，首先熟悉断路器机构原理，分合闸以及储能动作过程各部件的运动轨迹，能够准确快速地找出问题所在，提出解决方案。

（2）对于机械故障，解决的方案可能有很多，比如本案例中，除上述所列的两种方法外，还可以通过调整储能保持掣子，储能轴和凸轮的位置等来增加储能行程，但这些方法都比较麻烦，处理起来十分困难，因此通过观察比较，找到最优的解决方法完成故障消缺就十分必要。

（3）在日常的断路器检修、维护过程中，加强对断路器机械部件的检查，对低电压试验不合格或者接近临界值的要及时处理，防止类似事故发生。

5.23 10kV开关柜带电局部放电异常案例分析

- 监督专业：电气设备性能
- 设备类别：开关柜
- 发现环节：运维检修
- 问题来源：运维检修

5.23.1 监督依据

《国家电网公司变电运维管理规定（试行） 第5分册 开关柜运维细则》

5.23.2 违反条款

依据《国家电网公司变电运维管理规定（试行） 第5分册 开关柜运维细则》规定，开关柜内应无放电声、异味和不均匀的机械噪声。

● 5.23.3 案例简介

2019年6月3日，某供电公司变电检修室工作人员开展某110kV变电站开关柜带电局部放电检测工作。发现该站3×24开关柜超声波及特高频局部放电存在明显放电特征信号，通过听筒能听到明显的"咝咝"放电声，3×24开关柜内部疑似存在严重的沿面放电。停电检查及试验发现，施加试验电压，在不到运行电压情况下，3×24开关柜两侧穿屏套管内部存在严重的放电火花，3×24开关柜柜内及相邻开关柜绝缘件表面凝露严重，存在严重的沿面放电现象。通过对变电站10kV Ⅱ母全面检查，更换了全部穿屏套管、受损的静触头盒并试验合格，送电后带电局部放电检测试验数据正常。

● 5.23.4 案例分析

1. 带电检测分析

某110kV变电站3×24开关柜后右侧中上部缝隙检测到超声信号最大，最大幅值39.4mV，频率成分1小于频率成分2。相位图谱具有明显聚集性效应，每周期两簇密集的点，呈驼峰状；在波形图谱中，每周期两组波形，波形相位较宽，形态各不相同，为典型的沿面放电类型。特高频检测时，发现PRPD图谱在一个周期内正负半周内各存在一簇等幅放电脉冲。另外在3×24开关柜后柜上部左侧缝隙、10kV 2号电容器330开关柜后柜右侧缝隙都检测到异常超声波信号，幅值较小，放电类型同为沿面放电类型；结合柜内结构，母线室与TV室上下隔断，综合判断10kV Ⅱ母3×24开关柜后柜左侧、右侧母线穿屏套管存在沿面放电局部放电缺陷，柜内其他绝缘件也存在沿面放电的可能。超声波、特高频测试结果如图5-23-1~图5-23-3所示。

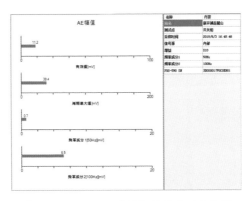

图 5-23-1 3×24 开关柜超声波测试数据

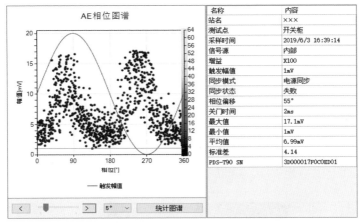

(a) AE 相位图谱

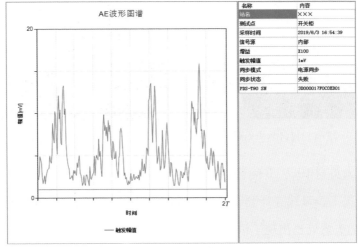

(b) AE 波形图谱

图 5-23-2 超声波局部放电测试 AE 相位及波形图谱

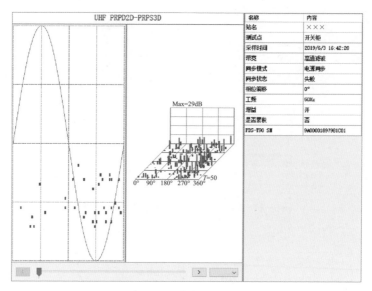

图 5-23-3　特高频测试结果

2019年6月4日，工作人员对某变电站10kV Ⅱ母停电检查，打开10kV母线室隔板，发现有严重受潮情况，内部存在大量凝结水珠，且伴有铜绿，如图5-23-4~图5-23-6所示。

图 5-23-4　柜内触头壳凝结水珠

图 5-23-5　柜内部铜绿连接排

工作人员对10kV Ⅱ母进行母线耐压试验，升压过程中，在未到达运行电压的情况下，母线穿屏套管处就出现明显的沿面放电，如图5-23-7所示，3×24静触头盒处也出现了沿面放电现象，如图5-23-8所示，该试验结果验证了前期带电检测的分析结论。

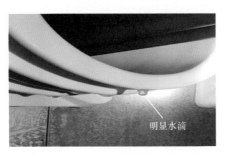

图 5-23-6　柜内穿屏套管凝结水珠

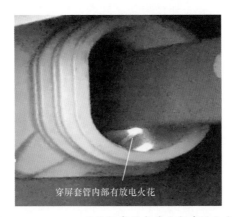

图 5-23-7　3×24 开关柜穿屏套管内部有放电火花

图 5-23-8　3×24 开关柜绝缘触头盒表面有明显电晕

2. 缺陷分析及处理

某 110kV 变电站 10kV 开关柜母线室设计不合理，顶部防爆通道无通风口，开关柜内长期聚集潮气，是3×24开关柜内穿屏套管等部件受潮产生沿面放电的主要原因。由于开关柜难免存在缝隙，在高温、湿度环境下，当湿气进入母线室后，由于母线室无通风口，长期聚集导致开关柜母线室穿柜套管等部件严重受潮，从而导致这些部位出现沿面放电。放电伴随着热能释放，使得套管绝缘老化，更进一步降低了绝缘强度，加剧放电程度。

工作人员对10kV Ⅱ母所属开关柜全部穿屏套管进行了更换，同时更换了部分存在放电、绝缘受损的静触头盒。处理完毕后，对10kV Ⅱ母进行绝缘及耐压试验，试验合格。6月6日，试验人员对3×24开关柜及其他10kV Ⅱ母开关柜开展带电局部放电复测，试验结果正常。

● 5.23.5 监督意见及要求

（1）加强开关柜带电局部放电检测及缺陷分析工作。开关柜带电局部放电（超声波、暂态地电压、特高频）对于发现开关柜内部缺陷行之有效。通过带电局部放电波形及图谱的分析，并根据开关柜的内部结构，能够比较准确的分析缺陷设备及缺陷类型，对于后期设备停电及消缺有很好的技术指导意义。

（2）加强开关柜可研初审、出厂验收和投产前验收工作。严格按照相关标准、规程开展验收，严禁设计不合理、安装工艺不达标的开关柜投入使用。

（3）加强开关柜巡视检查。对存在受潮风险高压室增配除湿机的数量，确保高压室湿度维持在较低水平。对于存在缺陷或隐患的开关柜应加强带电检测追踪，根据缺陷严重程度，合理安排停电消缺。